图神经网络
基础与前沿

马腾飞 / 编著

电子工业出版社
Publishing House of Electronics Industry
北京·BEIJING

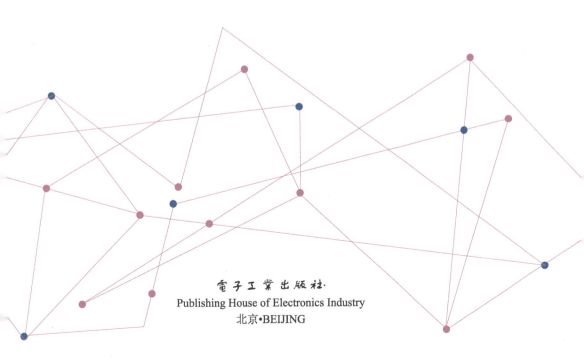

内 容 简 介

图神经网络是人工智能领域的一个新兴方向，它不仅迅速得到了学术界的广泛关注，而且被成功地应用在工业界的多个领域。本书介绍了图神经网络和图深度学习的基础知识和前沿研究，不仅包括它们的发展历史和经典模型，还包括图神经网络在深层网络、无监督学习、大规模训练、知识图谱推理等方面的前沿研究，以及它们在不同领域（如推荐系统、生化医疗、自然语言处理等）的实际应用。

本书既可作为人工智能领域研究和开发人员的技术参考书，也可作为对图上的深度学习感兴趣的高年级本科生和研究生的入门书。

未经许可，不得以任何方式复制或抄袭本书之部分或全部内容。

版权所有，侵权必究。

图书在版编目（CIP）数据

图神经网络：基础与前沿 / 马腾飞编著.—北京：电子工业出版社，2021.2
ISBN 978-7-121-40502-0

Ⅰ.①图… Ⅱ.①马… Ⅲ.①机器学习 Ⅳ.①TP181

中国版本图书馆 CIP 数据核字（2021）第 013350 号

责任编辑：郑柳洁

印　　刷：涿州市般润文化传播有限公司
装　　订：涿州市般润文化传播有限公司
出版发行：电子工业出版社
　　　　　北京市海淀区万寿路 173 信箱　　邮编：100036
开　　本：720×1000　1/16　　印张：9.5　　字数：152 千字
版　　次：2021 年 2 月第 1 版
印　　次：2023 年 1 月第 6 次印刷
定　　价：79.00 元

凡所购买电子工业出版社图书有缺损问题，请向购买书店调换。若书店售缺，请与本社发行部联系，联系及邮购电话：（010）88254888，88258888。

质量投诉请发邮件至 zlts@phei.com.cn，盗版侵权举报请发邮件至 dbqq@phei.com.cn。
本书咨询联系方式：（010）51260888-819，faq@phei.com.cn。

推荐序一

本书作者马腾飞本科毕业于清华大学自动化系，是我在北京大学指导的第一名硕士生，他随后在日本东京大学获得博士学位，并在IBM公司工作至今。马腾飞在攻读硕士期间就极具钻研精神，主动学习了机器学习及其应用领域的前沿技术与算法，给我留下了深刻的印象。在我正在纠结是否撰写一本著作之际，欣闻他即将出版本书，在那一刻，我有一种"青出于蓝而胜于蓝"的感觉。

图是数据的一种基本且重要的结构，无论是语言数据、社交网络数据还是图像视频数据，均可以图的形式进行表达。图神经网络是人工智能领域的新兴技术，是一种针对图结构进行有效计算与学习的重要工具，已广泛应用于自然语言处理、计算机视觉、信息检索与挖掘等领域。本书的内容紧紧围绕图神经网络这一新兴技术，涵盖了图神经网络的基础知识、前沿进展与实际应用。

本书不厚，不会占用读者大量的阅读时间，是一本适合在繁忙工作之余阅读和学习的技术书。

希望读者喜欢这本著作。

万小军

2020年12月24日于北京大学王选计算机研究所

推荐序二

作为机器学习领域近些年来的研究热点,本书深入浅出地介绍了图神经网络的概念、原理及各种应用,为机器学习领域的研究者和实践者提供了很好的素材。

世间万物,皆有联系。传统的机器学习算法通常假设数据样本独立同分布,这从根本上违背了万物相连的规律。图作为一种广泛存在的结构,可以有效地对数据(作为图上的节点)及数据之间的联系(作为图上的边)联合建模,进而完成更为有效和精准的推理。图上的机器学习大约在20年前兴起,一大批经典算法,如均一化图分割、标签传播,以及局部线性嵌入和拉普拉斯嵌入等许多基于图的非线性降维方法,均在那个时期提出。这些方法在计算机视觉、文本分析、社交网络等领域取得了很好的效果,这也证实了图方法的优势。这些方法大多为线性模型,因此限制了它们的灵活性和准确性。

近年来,随着深度学习技术的兴起,机器学习方法受到了前所未有的关注。一些神经网络框架,如卷积神经网络和循环神经网络,为现实中的诸多应用带来了革命,而这些方法并不能直接应用在一般的图结构中。图神经网络有效地解决了这一问题,它将卷积神经网路扩展到了图结构上,同时,将传统的图学习算法扩展到多层及非线性结构上。

本书作者马腾飞博士从事机器学习,尤其是图神经网络研究多年,是一名出色的青年计算机科学家。他将图神经网络成功地应用于诸如自然语言处理、药物设计和发现等多个领域。从这个角度看,他还是一名优秀的青年实践家。我与马腾飞相识多年,在与他合作的过程中,我对他在技术领域丰富的经验和独到的见解有极为深刻的印象。非常高兴看到本书出版,希望本书能为读者的工作和研究带来极大的帮助。

王飞

康奈尔大学副教授

前言

缘起

2008年，我在北京大学读研究生。初入人工智能科研领域的我，对一切都充满了好奇。当时，我的导师正好在用基于图的方法做文本摘要，我立刻被图的概念所吸引。我发现，原来看起来不相关的东西可以通过各种各样的方法联系在一起，构成一个图，并且这种结构化所带来的效果是如此的显著。

9年后，在和同事讨论预测药物副作用的项目时，我的第一反应是这个项目可以用图的形式设计。那时，虽然深度学习的威力早已深入人心，但其刚开始在图数据领域攻城略地，效果未知。虽然有关图卷积网络的论文一发表就引来了广泛的关注，但并没人预料到在之后的几年里，图深度学习能得到如此快速的发展，并在多个领域发挥显著的作用。我们决定用这个刚发表没多久的图卷积网络模型试一下，没想到这一试就决定了我之后几年的研究方向。

我们发现，虽然在预测药物副作用的实验中，基于图卷积网络的模型效果很好，但我们是以药物相似度为边构建的图，如果不设相似度阈值，则整个图几乎是一个完全图，非常稠密，在数据增多时，运行效率会急剧下降。于是我们开始思考：怎样才能提高训练的效率。最开始，我们的思路是用矩阵近似的方法（如Nystrom或Lanczos），效果不好；最后，我们终于在采样的方法上获得了成功，这就是FastGCN模型的由来。在FastGCN模型发表之后，周围人知道了我们在研究图神经网络，于是跨领域的合作越来越多，我们开始探索把图神经网络应用到金融、医疗、路径规划、可视化等领域的各种任务中。我们被图神经网络的魅力所吸引，也发现了很多待解决的问题，因此，我们在基础模型上做了很多的尝试和改进，比如图神经网络的层次化表示和无监督学习，图神经网络在动态图上的扩展，图神经网络与里奇曲率、里奇流等几何测度的结合等。虽然也有多次失败，但作为一名研究者，能够找到振奋人心的研究课题是一件幸运的事情。

从我涉足这一领域到现在仅三年多，图神经网络已经从一个新鲜事物变成了热门技术，不仅在各大人工智能顶级会议上掀起了一浪又一浪的研究热潮（据统计，机器学习顶会之一的 ICLR2021 的投稿中有 7% 的论文都和图有关），而且科技巨头公司也开始了对于图神经网络的工业应用，甚至阿里、脸书等公司还开发了自己的图神经网络开放代码平台。我很高兴看到越来越多的人开始对图神经网络感兴趣，甚至投身于与它相关的研究或者开发工作中来。我也很乐意分享自己对这个领域的理解。

本书内容

本书详细讨论了图神经网络的经典模型、前沿发展及经典应用，包含了一些与图深度学习相关的内容，如网络嵌入、知识图谱嵌入等，以帮助读者构建更全面的图神经网络知识体系。在介绍具体的图神经网络模型之前，本书先对图神经网络所需要的基础知识进行了简要概括，之后，尽量按照经典图神经网络模型的发展顺序分类进行介绍，最后介绍图神经网络中的开放问题和百花齐放的前沿解决方案。希望读者可以通过阅读本书，熟悉整个图神经网络的发展脉络，厘清重要模型的设计思路和技术细节，了解前人是怎么开创一个新领域并逐渐将其发展壮大的。希望本书不仅能帮助想学习图神经网络知识的读者更好地理解技术，而且能让想在别的领域做出突破的读者获得些许灵感。

阅读本书需要读者具有一定的机器学习基础。本书包含了一些图神经网络的公式化理论和模型，并尽量用简洁的语言表述，以便读者更好地理解。书中对模型的介绍在保持严谨的同时，力求将模型背后的设计思路清晰地呈现。书中加入了很多近一两年的新工作，力图向读者展现这个领域的最新研究进展。我与朋友合作，在 AAAI 和 KDD 大会上做了两次关于图神经网络的前沿专题演讲，其中的大部分内容都囊括在本书中。希望这些前沿知识能够让想从事图神经网络应用和研究的读者少走弯路，更容易找到最适合自己目标任务的新模型。对于想应用图神经网络模型的读者，本书将为你提供方向，例如，如何建图、如何选择模型等。

欢迎交流

图神经网络作为一个新兴领域发展速度飞快，虽然我已尽力将经典技术囊括于书中，但是有些子方向并非我所擅长，我所知有限，难免有所疏漏。欢迎读者在阅读过程中将遇到的问题反馈给我，也欢迎读者来信与我探讨技术问题。如果读者想获得更多图神经网络的相关知识，欢迎查看我的个人主页和 GitHub，从中找到一些图神经网络专题演讲的文件、我发表的图神经网络论文，以及一些与图神经网络相关的公开代码和数据集。

个人主页：www.matengfei.com

邮箱：feitengma0123@gmail.com

GitHub：https://github.com/matenure/

致谢

写作本书的过程比我预想的困难许多，花费了我大量的时间和精力，但写作过程也让我受益匪浅，不仅弥补了我对一些子方向中相关知识的空白，也让我对整个图神经网络的发展有了更全面的认识。感谢本书责任编辑郑柳洁为本书提出了大量有价值的建议；感谢我的论文合作者们，尤其是陈捷和 Danica，是他们引导我进入这个领域并与我一起进步；感谢我的导师和前辈在成书过程中对我的鼓励。

最后，感谢家人对我的理解和支持，感谢我的父母和姐姐，尤其感谢我的妻子。2020 年是特殊的一年，生活受到了极大的困扰，但儿子的出生让我感到莫大的欣慰。虽然劳累，但当三人挤成一团时，我总是倍感幸福，他俩的笑容是我完成本书最大的助力！

马腾飞
美国纽约州 White Plains

读者服务

微信扫码回复：40502

- 获取本书配套代码资源
- 获取作者提供的各种共享文档、线上直播、技术分享等免费资源
- 加入本书读者交流群，与作者互动
- 获取博文视点学院在线课程、电子书20元代金券

目录

第 1 章　当深度学习遇上图：图神经网络的兴起　1
1.1　什么是图 …………………………………………………………… 1
1.2　深度学习与图 ……………………………………………………… 2
1.2.1　图数据的特殊性质 …………………………………………… 3
1.2.2　将深度学习扩展到图上的挑战 ……………………………… 4
1.3　图神经网络的发展 ………………………………………………… 5
1.3.1　图神经网络的历史 …………………………………………… 5
1.3.2　图神经网络的分类 …………………………………………… 7
1.4　图神经网络的应用 ………………………………………………… 8
1.4.1　图数据上的任务 ……………………………………………… 8
1.4.2　图神经网络的应用领域 ……………………………………… 8
1.5　小结 ………………………………………………………………… 11

第 2 章　预备知识　13
2.1　图的基本概念 ……………………………………………………… 13
2.2　简易图谱论 ………………………………………………………… 15
2.2.1　拉普拉斯矩阵 ………………………………………………… 16
2.2.2　拉普拉斯二次型 ……………………………………………… 17

    2.2.3　拉普拉斯矩阵与图扩散 18

    2.2.4　图论傅里叶变换 19

2.3　小结 20

第 3 章　图神经网络模型介绍　21

3.1　基于谱域的图神经网络 21

    3.1.1　谱图卷积网络 21

    3.1.2　切比雪夫网络 24

    3.1.3　图卷积网络 25

    3.1.4　谱域图神经网络的局限和发展 27

3.2　基于空域的图神经网络 28

    3.2.1　早期的图神经网络与循环图神经网络 28

    3.2.2　再谈图卷积网络 29

    3.2.3　GraphSAGE：归纳式图表示学习 31

    3.2.4　消息传递神经网络 34

    3.2.5　图注意力网络 37

    3.2.6　图同构网络：Weisfeiler-Lehman 测试与图神经网络的表达力 39

3.3　小试牛刀：图卷积网络实战 42

3.4　小结 46

第 4 章　深入理解图卷积网络　47

4.1　图卷积与拉普拉斯平滑：图卷积网络的过平滑问题 47

4.2　图卷积网络与个性化 PageRank 50

4.3　图卷积网络与低通滤波 52

    4.3.1　图卷积网络的低通滤波效果 52

    4.3.2　图滤波神经网络 54

    4.3.3　简化图卷积网络 55

4.4　小结 56

第 5 章　图神经网络模型的扩展　　57

5.1 深层图卷积网络 ... 57
5.1.1 残差连接 ... 58
5.1.2 JK-Net ... 60
5.1.3 DropEdge 与 PairNorm ... 60
5.2 图的池化 ... 61
5.2.1 聚类与池化 ... 62
5.2.2 可学习的池化：DiffPool ... 63
5.2.3 Top-k 池化和 SAGPool ... 65
5.3 图的无监督学习 ... 67
5.3.1 图的自编码器 ... 67
5.3.2 最大互信息 ... 70
5.3.3 其他 ... 72
5.3.4 图神经网络的预训练 ... 72
5.4 图神经网络的大规模学习 ... 74
5.4.1 点采样 ... 75
5.4.2 层采样 ... 76
5.4.3 图采样 ... 78
5.5 不规则图的深度学习模型 ... 80
5.6 小结 ... 81

第 6 章　其他图嵌入方法　　83

6.1 基于矩阵分解的图嵌入方法 ... 83
6.1.1 拉普拉斯特征映射 ... 83
6.1.2 图分解 ... 84
6.2 基于随机游走的图嵌入方法 ... 86
6.2.1 DeepWalk ... 86
6.2.2 node2vec ... 87
6.2.3 随机游走与矩阵分解的统一 ... 88

6.3 从自编码器的角度看图嵌入 88

6.4 小结 89

第 7 章 知识图谱与异构图神经网络 91

7.1 知识图谱的定义和任务 92

    7.1.1 知识图谱 92

    7.1.2 知识图谱嵌入 92

7.2 距离变换模型 94

    7.2.1 TransE 模型 94

    7.2.2 TransH 模型 95

    7.2.3 TransR 模型 96

    7.2.4 TransD 模型 97

7.3 语义匹配模型 97

    7.3.1 RESCAL 模型 98

    7.3.2 DistMult 模型 98

    7.3.3 HolE 模型 98

    7.3.4 语义匹配能量模型 99

    7.3.5 神经张量网络模型 99

    7.3.6 ConvE 模型 100

7.4 知识图谱上的图神经网络 100

    7.4.1 关系图卷积网络 100

    7.4.2 带权重的图卷积编码器 101

    7.4.3 知识图谱与图注意力模型 102

    7.4.4 图神经网络与传统知识图谱嵌入的结合：CompGCN 103

7.5 小结 103

第 8 章　图神经网络模型的应用　　105

8.1 图数据上的一般任务 105

  8.1.1 节点分类 106

  8.1.2 链路预测 106

  8.1.3 图分类 107

8.2 生化医疗相关的应用 108

  8.2.1 预测分子的化学性质和化学反应 108

  8.2.2 图生成模型与药物发现 109

  8.2.3 药物/蛋白质交互图的利用 116

8.3 自然语言处理相关的应用 117

8.4 推荐系统上的应用 121

8.5 计算机视觉相关的应用 123

8.6 其他应用 124

8.7 小结 124

参考文献　　127

符号表

$G, \mathcal{V}, \mathcal{E}$	图，节点集合，边的集合
A	邻接矩阵
$\mathbb{R}$	实数集
v_i, v_j	图中索引为 i、j 的顶点
$d(v)$	顶点 v 的度
D	度矩阵
$L = D - A$	拉普拉斯矩阵
L^{sym}	对称归一化的拉普拉斯矩阵
L^{rw}	随机游走归一化的拉普拉斯矩阵
$L = U \Lambda U^{\text{T}}$	拉普拉斯矩阵的特征分解
$\hat{\phi} = U^{\text{T}} \phi$	图信号 ϕ 的图论傅里叶变换
$\phi = U \hat{\phi}$	谱域信号 $\hat{\phi}$ 的图论傅里叶逆变换
X	图中节点的初始属性矩阵
H^l	图卷积网络中第 l 层的节点状态矩阵
I_m	对角线为 1 的 m 行 m 列单位矩阵，本书中常简写为 I
$\tilde{A}$	加上自环的邻接矩阵 $\tilde{A} = A + I$
$\hat{A}$	正则化的 $\tilde{A}$，用于图卷积网络的公式中
$\hat{Z}$	使用图神经网络得到的节点嵌入矩阵
$\mathcal{N}(v_i)$	顶点 v_i 的邻接点集合
(h, r, t)	知识图谱上的一个三元组，h 和 t 为实体，r 为它们之间的关系
$\boldsymbol{h}, \boldsymbol{r}, \boldsymbol{t}$	三元组 (h, r, t) 中的元素分别对应的嵌入向量表示
$\mathbb{E}_x(f(x))$	函数 $f(x)$ 的期望
$|\mathcal{V}|, |\mathcal{E}|$	图的节点数和边数
tr()	矩阵的迹，即矩阵对角线上所有元素的和

1 当深度学习遇上图：图神经网络的兴起

1.1 什么是图

也许我们从来没有意识到，我们正生活在一个充满图的世界。例如，我们最熟悉的社交网络（如图 1.1 所示），就是一个最典型的图。

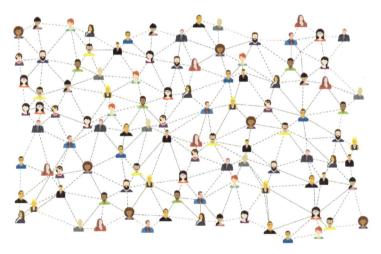

图 1.1 社交网络图例

在计算机领域，我们通常用**图指代一种广义的抽象结构，用来表示一堆实体和它们之间的关系**。实体被叫作图的节点，而实体和实体之间的关系构成了图的边。严格来说，一个图 $G = \{\mathcal{V}, \mathcal{E}\}$ 包含一个节点集合 $\mathcal{V}$ 和一个边的集合 $\mathcal{E}$。以社交网络为例，用户可以作为节点，而用户和用户之间的朋友关系可以作为边。事实上，作为表示实体关系和结构化数据的一种方式，图几乎无处不在。当我们在网上购物时，用户和产品之间的购买关系可以形成用户—产品图；当我们在公司工作时，有公司的组织结构图；当我们与同事或朋友发邮件、发微博交流时，则会产生交流图。

除此之外，在人工智能的研究和应用产品中，图结构的数据也占据了非常重要的地位。在自然语言处理中常用的知识图谱，是用来表示领域知识、促进知识推理不可或缺的载体；用于生物研究的蛋白质网络，能够表示蛋白质之间的相互作用；在化学中，如果我们把原子看成节点，将原子间的化学键看成边，那么所有分子都是天然的图结构；物联网传感器之间需要连接成图，共同获取监测状态；互联网之中的链接关系让所有网页形成链接图；论文中的引用关系让所有论文形成引文图；金融交易让交易双方形成交易图。此类例子不胜枚举，甚至在很多原本没有明显图的数据上，人们也发现可以利用图结构获得新的突破。一个典型的例子是文本摘要中利用句子之间的相似性构建的图，对早期文档摘要领域做出了巨大的贡献 [1, 2]。在定理证明中，逻辑表达式可以表示成由变量和操作构成的图 [3]。同样地，程序也可以表示成由变量构成的图，用来判断正确性 [4]；在多智能体（Multi-agent）系统中，agent 之间的隐性交互也被当作图来处理 [5]。

1.2 深度学习与图

毫无疑问，深度学习正在成为人类实现人工智能最重要的工具。在当前时代，在大量数据和超强计算资源的推动下，深度学习强大的表征能力使其在各个应用领域（自然语言处理、计算机视觉、计算机语音等）有了突破性的进展。时至今日，在人工智能各种任务的排行榜上，我们已经很难找到非深度学习的最优模型了。然而，大部分传统深度学习模型，如卷积神经网络（Convolutional Neural Networks，CNN）、循环神经网络（Recurrent Neural Networks，RNN）等，处理的数据都限定在欧几里得空间，如二维的网格数据—图像和一维的序列数据—文本，因为它们的模型设计正得益于欧几里得空间中这些数据的一些性质：例如，平移不变性和局部可联通性。图数据不像图像和文本一样具有规则的欧几里得空间结构，因此这些模型无法直接应用到图数据上。

1.2.1 图数据的特殊性质

以卷积神经网络为例,我们通过对比网格数据和图数据(如图 1.2 所示)来说明为什么它不能直接用在图上。

图 1.2 从网格数据到图数据

1. 节点的不均匀分布

在网格数据中,每个节点(不包含边缘节点)只有 4 个邻接点,因此我们可以很方便地在一个网格数据的每个小区域中定义均匀的卷积操作。而在图结构中,节点的度数可以任意变化,每个邻域中的节点数都可能不一样,我们没有办法直接把卷积操作复制到图上。

2. 排列不变性

当我们任意变换两个节点在图结构中的空间位置时,整个图的结构是不变的。如果用邻接矩阵表示图,调换邻接矩阵的两行,则图的最终表示应该是不变的。在网格中,例如在图像上,如果我们变换两行像素,则图像的结构会明显变化。因此,我们没有办法像处理图像一样直接用卷积神经网络处理图的邻接矩阵,因为这样得到的表示不具有排列不变性。

3. 边的额外属性

大部分图结构上的边并非只能取值二元的 {0,1},因为实体和实体的关系不仅仅是有和没有,在很多情况下,我们希望了解这些实体关系连接的强度或者类型。强度对应到边的权重,而类型则对应到边的属性。显然,在网格中,边是没有任何属性和权重的,而卷积神经网络也没有可以处理边的属性的机制。

1.2.2 将深度学习扩展到图上的挑战

由于图结构的普遍性,将深度学习扩展到图结构上的研究得到了越来越多的关注,图神经网络(Graph Neural Networks,GNN)的模型应运而生。总体来说,深度学习在图上的应用有以下几个难点。

1. 图数据的不规则性

正如前面所讲,相对于网格数据,图结构数据的不规则性使得传统的卷积神经网络不能直接应用在图上,因此,在图上,我们必须发展新的深度学习模型。

2. 图结构的多样性

作为表示实体关系的数据类型,图结构具有丰富的变体。图可以是无向的,也可以是有向的;可以是无权重的,也可以是有权重的;除了同质图,还有异构图;等等。

3. 图数据的大规模性

大数据作为深度学习的"燃料",在各个应用领域发挥了重要的作用。在大数据时代,我们同样面临大规模的图的处理难题。我们常用的图结构数据,如互联网、社交网络、金融交易网络,动辄有数以亿计的节点和边,这对深度学习模型的效率提出了很高的要求。

4. 图研究的跨领域性

在 1.1 节中,我们介绍了各种各样的图,很容易发现图的研究是横跨很多不同的领域的,而在很多任务上,研究图的性质都需要具有领域知识。例如,对分子图的性质进行预测,我们需要具有一些化学知识;对逻辑表达式的图进行处理,我们需要具有一些逻辑学知识。

在本书随后的章节中,我们将探讨图神经网络如何解决这些问题。

1.3 图神经网络的发展

1.3.1 图神经网络的历史

早在深度学习时代来临之前的 2005 年，图神经网络就已经出现。一般来说，图神经网络旨在通过人工神经网络的方式将图和图上的节点（有时也包含边）映射到一个低维空间，也就是学习图和节点的低维向量表示。这个目标常被称为图嵌入或者图上的表示学习，反之，图嵌入或图表示学习并不仅仅包含图神经网络这一种方式。

早期的图神经网络[6, 7]采用递归神经网络（Recursive Neural Networks）的方式，利用节点的邻接点和边递归地更新状态，直到到达不动点（Fixed Point）。当我们回头看这些模型时，会惊奇地发现，它们和我们现在常用的模型已经非常接近了。但是很遗憾，由于模型本身的一些限制（例如，要求状态更新函数是一个压缩映射）和当时算力的不足，这些模型并没有得到足够的重视。

1. 谱域图神经网络

在基于不动点理论的递归图神经网络之后，图神经网络的发展走上了另一条不同源却殊途同归的道路。随着卷积神经网络在图像处理和文本上的大规模流行，研究者开始进行一些将卷积神经网络扩展到图结构上的尝试。为了解决空间邻域的不规则性，Bruna 等人[8]从谱空间进行突破，提出了图上的谱网络。依据图谱论（Spectral Graph Theory）的知识，他们把图的拉普拉斯矩阵进行谱分解，并利用得到的特征值和特征向量在谱空间定义了卷积操作。他们还将此方法扩展到大规模实际数据的分类问题上，并研究了图结构没有预先给出的情况[9]。但是，由此得到的网络计算复杂度很高，而且，他们定义的图卷积核依赖于每个图的拉普拉斯矩阵，所以没有办法扩展到其他图上（参数不能在不同的图上共享，因为它们的卷积计算的基底都不一样）。为了解决复杂度的问题，Defferrard 等人[10]提出了切比雪夫网络（ChebyNet），将卷积核定义为多项式的形式，并且用切比雪夫展开来近似计算卷积核，大大提高了计算效率。之后，Kipf 和 Welling[11]简化了切比雪夫网络，只使用一阶近似的卷积核，并做了些许的符号变化，于是产生了我们所熟知的图卷积网络（Graph Convolutional Networks, GCN）。让人惊奇的是，如果我们观察图卷积网络在每个节点上的操作，则会发现它其实可以看作一阶邻居节点之间的信息传递，所以图卷积网络又可以被看作一个空域上的图卷积。

2. 空域图神经网络

此时，空域上的图神经网络也迎来了复兴。Li 等人[12]沿着早期图神经网络的路线，提出了门控图神经网络（Gated Graph Neural Networks，GGNN）。门控图神经网络用门控循环单元（Gated Recurrent Units，GRU）取代了递归神经网络的节点更新方式，从而消除了压缩映射的限制，也开始支持深度学习时代的优化方式。之后，各种图神经网络层出不穷。例如，PATCHY-SAN[13]首先将节点排序，然后选取固定数量的邻接点仿照卷积神经网络的方式进行图卷积；MoNet 为邻接点定义了伪坐标，并将之前的一些图神经网络模型统一成了利用伪坐标定义的一个高斯核混合模型；图注意力网络（Graph Attention Networks，GAT）[14]利用注意力机制来定义图卷积；GraphSAGE[15]则将图神经网络从直推式学习（Transductive Learning）的模式扩展到了归纳式学习（Inductive Learning）的设定，并通过邻居采样的方式加速图神经网络在大规模图数据上的学习；消息传递网络（Message Passing Neural Networks，MPNN）[16]把几乎所有的空域图神经网络统一成了消息传递的模式；Xu 等人[17]证明了图神经网络的表达能力最多与 Weisfeiler-Lehman 图同构性测试等效，并且提出了在这个框架下理论上表达能力最强的图同构网络（Graph Isomorphism Networks，GIN）。

图 1.3 总结了早期较为经典的模型和它们的发展线路（很多模型图中没有提到，我们会在之后的章节进行更详细的梳理和介绍）。

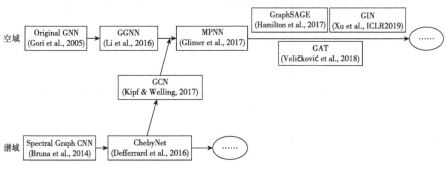

图 1.3　图神经网络的早期发展

图神经网络的研究方兴未艾，除了不断提出更多方式的图神经网络模型，研究者也开始研究关于图学习的更多方面。例如，如何在没有标签的情况下进行无监督学习，如何将图神经网络模型扩展到动态图，如何更好地学习图的层次结构和池化，如何根据已有的数据生成新的相似却不重复的图，如何在图上进行对抗攻击（Adversarial Attack），等等。图神经网络研究的热潮也传导到了各个应用领域，越来越多的人被它的强大和魅力所吸引。

1.3.2 图神经网络的分类

在介绍图神经网络的发展历史时，我们已经将它分成了**谱域**上的图神经网络和**空域**上的图神经网络，这也是最常见的一种区分方式。除此之外，根据不同的性质，图神经网络还可以分为：

1. 卷积模式 vs. 循环模式

从信息传递的方式来看，图卷积网络等是模仿卷积神经网络定义了图上的卷积操作，门控图神经网络等则是用序列上的循环神经网络模型来更新节点状态。尽管随着图神经网络变形的增多，这种分类并不能包含所有的信息传递方式，但对我们理解图神经网络的设计却是很有用的。

2. 有监督 vs. 无监督

根据有无标签（节点的标签或者图的标签），我们把图神经网络分为有监督的和无监督的。有监督的类别中又常常分为归纳式（Inductive）的（如Graph-SAGE [15]）和直推式（Transductive）的（如图卷积网络 [11]）。归纳式的模型不需要测试数据出现在训练中，而直推式的模型则是半监督的，也就是在训练过程中已经包含了测试数据。

3. 单图 vs. 多图

很多谱域的图神经网络由于不能在不同的图之间共享参数，只能限定在单图的任务上；而有些图神经网络（如图匹配相关的网络）由于要借助其他图的信息来学习节点的表示，只能限定在多图的任务上。大部分图神经网络既能在单图，也能在多图上学习。

了解图神经网络的分类可以帮助我们更好地理解每个模型的设定、性质及优缺点，也方便我们更好地应用它们。本书第 3 章将对常见的图神经网络模型做一个总结。

1.4 图神经网络的应用

1.4.1 图数据上的任务

按照元素和层级划分，深度学习在图数据上的任务主要分为 3 类。

（1）**节点**上的任务：包括节点的分类、回归、聚类等。例如，在引文网络（Citation Network）中，我们对每个论文节点的领域和主题进行预测，就是一个最常用的节点的分类任务。

（2）**边**上的任务：包括边的分类、链路预测（Link Prediction）等。链路预测在人工智能产品中有着广泛的应用，例如产品推荐就可以看作预测用户和产品之间的连接。

（3）**图**上的任务：包括图的分类、图的生成、图的匹配等。图的分类是基于图的表示对整个图的性质进行预测，例如分子图性质的预测、定理图正确与否的预测等。

还有一些图上的任务并不能简单地归类到以上 3 类，尤其是一些图神经网络与其他任务结合的衍生任务（如利用图神经网络的时间序列分析[19]，把图神经网络作为编码器的 Graph2Seq [20] 等），但它们大多也是基于图的某一层级的表示（节点或图）来展开的。

1.4.2 图神经网络的应用领域

由于图结构的普遍性和图神经网络强大的表征能力，在实际应用中图神经网络已经拓展到了人工智能的各个领域，包括网络分析、自然语言处理、计算机视觉、推荐系统等。由于每个领域都包罗万象，这里我们只按照应用领域列举一些常见的图结构和这些图上的应用。本书第 8 章将详细地介绍其中一些经典的实例。

计算机视觉：计算机视觉是图神经网络应用最广泛的领域之一，在图像和视频中有很多容易建立的图结构。例如，图像中的像素、点云中的点，可以基于空间关系构建图,用于图像识别和图像分割[10, 21, 22];图像中检测到的目标物体联合起来,目标识别之后可以建立场景图,方便计算机更好地理解图像中的信息[23];而在视频中的动作识别任务中,人体骨架的各个部分也可以通过关节的连接构成一个图,帮助我们进行人体动作的分析[24]。

自然语言处理:自然语言处理的对象通常是文本。虽然文本上没有明显的图数据,但实则隐藏着丰富的图结构。例如,句子可以利用语法树表示成图结构,从而获得更好的句子编码表示,在机器翻译[25]、语义角色标注[26]、语义分析[20, 27]等任务中都有重要的应用。另外,文本段落中的实体可以构成网络,帮助问答系统;文本之间的相似度可以构建图来做文本分类,文本中的词也可以构成图来做文本分类等。

物理系统/交通网:物理世界中的物体、交通网络中的传感器等,都可以描述成图结构中的节点,从而用图神经网络预测它们的状态或者它们之间的交互[19, 28]。

化学/生物/医疗:蛋白质和分子本身的化学结构都可以表示成图(如图1.4(a)所示),于是我们可以用图神经网络对它们建模,预测蛋白质的作用界面[29]、分子的性质[16]和化学反应[30],以及新分子的生成[31]等。除此之外,药物和蛋白质之间的作用也可以表示成交互作用图(如图1.4(b)所示),来做药物副反应的预测等[32, 33]。

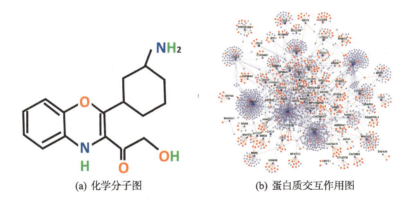

(a) 化学分子图　　　　　(b) 蛋白质交互作用图

图 1.4　生化领域常见的图结构

知识图谱:知识图谱上的任务通常包括知识图谱的补全、知识图谱上的推理、不同知识图谱的匹配、利用知识图谱辅助完成其他预测任务等。虽然知识图谱上的图嵌入有一套相对独立的方法[34]，但是越来越多的研究者开始尝试用图神经网络的方法来探索这个领域[35-38]。

在图 1.5 中，每个命名实体是一个节点，实体之间的关系是边。在知识图谱中，常见的任务是知识图谱的补全，也就是推断出知识图谱中缺失的节点或者关系。例如，我们只知道<卢浮宫，位于>，想要推断出"巴黎"；或者只知道<卢浮宫，巴黎>，需要推断它们之间的关系。在知识图谱中，我们经常利用本来存在的关系推断出未知的隐含关系，如从<蒙娜丽莎，在，卢浮宫>和<卢浮宫，位于，巴黎>推断出<蒙娜丽莎，在，巴黎>。

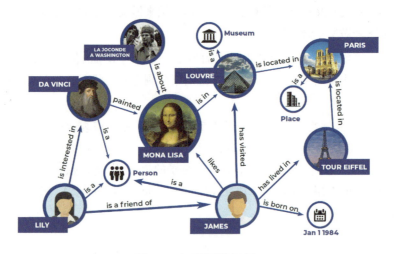

图 1.5　知识图谱示例

推荐系统：推荐系统一般构建在用户—产品图上，根据用户的购买习惯对用户推荐产品，可以看作一个异构图上的链路预测问题[39, 40]。

金融：在金融领域，常见的任务有反洗钱[41]、欺诈检测[42]等。如果我们把交易双方作为节点，交易本身作为边，则在金融交易的图结构（如图 1.6 所示）里，这两个任务就相当于边（或节点）的分类。

组合优化问题：图上的很多问题都是 NP 困难的。这些问题同样可以采用图神经网络来近似，如 SAT 问题[43]、TSP 问题[44]、图染色问题[45]等。

其他：随着图神经网络的研究越来越深入，它的应用延伸的领域也越来越广泛，有定理证明[3]、程序推断[4]、迁移学习[46]、强化学习[47]等。由于图结构的普遍性，图神经网络的潜在应用几乎无处不在。

1 当深度学习遇上图：图神经网络的兴起

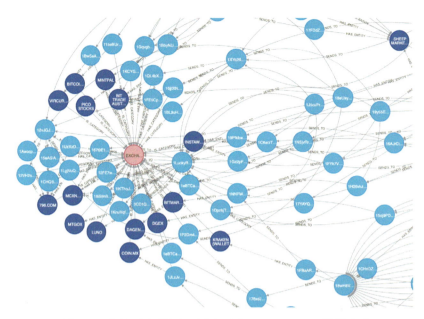

图 1.6　比特币交易图示例（引自 TokenAnalyst 的博客）

1.5　小结

本章简要介绍了图神经网络的发展历史和基本概念，希望读者可以粗略地理解发展图神经网络的必要性，以及图神经网络的应用场景和范围。读者不妨回想一下，自己还遇到过哪些有趣的图结构，是否可以用图神经网络来处理它们？第 2 章将介绍一些预备知识——准备揭开图神经网络的面纱吧！

2 预备知识

本章我们介绍关于图的基础知识，包括图的定义、类型、性质、图谱论、图论傅里叶分析等。在之后的章节中再介绍图神经网络时会基于这些基础知识展开。对于想要简单应用图神经网络的读者来说，这部分内容或许可以跳过；对于想要系统地理解图神经网络的来源和本质的读者来说，本章非常重要。

2.1 图的基本概念

对于接触过数据结构和算法的读者来说，图并不是一个陌生的概念。**一个图（Graph）由一些顶点[Vertex，也称为节点（Node）]和连接这些顶点的边（Edge）组成**。给定一个图 $G = (\mathcal{V}, \mathcal{E})$，其中 $\mathcal{V} = \{v_1, v_2, \cdots, v_n\}$ 是一个具有 n 个顶点的集合，$\mathcal{E} \subseteq \mathcal{V} \times \mathcal{V}$ 是边的集合，那么我们有以下概念。

1. 邻接矩阵

我们用邻接矩阵（Adjacent Matrix）$\boldsymbol{A} \in \mathbb{R}^{n \times n}$ 表示顶点之间的连接关系。如果顶点 v_i 和 v_j 之间有连接，就表示 (v_i, v_j) 组成了一条边 $(v_i, v_j) \in \mathcal{E}$，那么对应的邻接矩阵的元素 $A_{ij} = 1$，否则 $A_{ij} = 0$。邻接矩阵的对角线元素通常设为 0。

2. 顶点的度

一个顶点的度（Degree）指的是与该顶点连接的边的总数。我们用 $d(v)$ 表示顶点 v 的度，则顶点的度和边之间有关系 $\sum_{v \in \mathcal{V}} d(v) = 2|\mathcal{E}|$，即所有顶点的度之和是边的数目的 2 倍。

3. 度矩阵

图 G 的度矩阵（Degree Matrix）D 是一个 $n \times n$ 的对角阵，对角线上的元素是对应顶点的度：

$$d_{i,j} = \begin{cases} d(v_i) & \text{如果} i = j \\ 0 & \text{其他} \end{cases}$$

4. 路径

从顶点 u 到顶点 v 的一条路径（Path）指一个序列 $v_0, e_1, v_1, e_2, v_2, \cdots, e_k, v_k$，其中 $v_0 = u$ 是起点，$v_k = v$ 是终点，e_i 是一条从 v_{i-1} 到 v_i 的边。

5. 距离

如果从顶点 u 到顶点 v 的最短路径存在，则这条最短路径的长度（Distance）称为顶点 u 和顶点 v 之间的距离。如果 u 和 v 之间不存在路径，则距离为无穷大。

6. 邻居节点

如果顶点 v_i 和 v_j 之间有边相连，则 v_i 和 v_j 互为邻接点（Neighborhood），v_i 的邻接点集合写作 $\mathcal{N}_{v_i}$ 或 $\mathcal{N}(v_i)$。如果 v_j 到 v_i 的距离为 K，则称 v_j 为 v_i 的 K 阶邻居节点。

7. 权重图

如果图里的边不仅表示连接关系，而且具有表示连接强弱的权重，则这个图被称为权重图（Weighted Graph）。在权重图中，邻接矩阵的元素不再是 0, 1,

而可以是任意实数 $A_{ij} \in \mathbb{R}$。顶点的度也相对应地变为与该顶点连接的边的权重的和。由于非邻接点的权重为 0，所以顶点的度也等价于邻接矩阵 A 对应行的元素的和。

$$d(v_i) = \sum_{v_j \in \mathcal{N}_{v_i}} A_{ij} = \sum_{v_j \in \mathcal{V}} A_{ij}$$

8. 有向图

如果一个图的每个边都有一个方向，则称这个图为有向图（Directed Graph），反之则称为无向图。在有向图中，从顶点 u 到 v 的边和从 v 到 u 的边是两条不同的边。反映在邻接矩阵中，有向图的邻接矩阵通常是非对称的，而无向图的邻接矩阵一定是对称的 $A_{ij} = A_{ji}$。在本书后面的章节中，在没有特别说明的情况下，我们默认处理的图是无向图。

9. 图的遍历

从图的某个顶点出发，沿着图中的边访问每个顶点且只访问一次，这叫作图的遍历（Graph Traversal）。图的遍历一般有两种：深度优先搜索和宽度优先搜索。

10. 图的同构

图的同构（Graph Isomorphism）指的是两个图完全等价。两个图 $G = (\mathcal{V}, \mathcal{E})$ 和图 $G' = (\mathcal{V}', \mathcal{E}')$ 是同构的，当且仅当存在从 $\mathcal{V}$ 到 $\mathcal{V}'$ 的一一映射 f，使得对于任意 $(u, v) \in \mathcal{E}$ 都有 $(f(u), f(v)) \in \mathcal{E}'$。在分析图神经网络的表达能力时，在很多情况下，我们需要依赖对图同构的分析。

2.2 简易图谱论

早期，很多图神经网络相关的概念是基于图信号分析或者图扩散的，而这些都需要与图谱论相关的知识。本节介绍图谱论的一些重要概念，如拉普拉斯矩阵及其背后的意义、图论傅里叶变换等。第 3 章将介绍这些概念在图神经网络的设计和发展中起到的重要作用。

2.2.1 拉普拉斯矩阵

对于一个有 n 个顶点的图 G，它的**拉普拉斯矩阵**（Laplacian Matrix）定义为

$$L = D - A$$

其中，D 是图 G 的度矩阵，A 是图 G 的邻接矩阵。L 中的元素可以定义为

$$L_{ij} = \begin{cases} d(v_i) & \text{如果} i = j \\ -A_{ij} & \text{如果} i \neq j \text{并且} v_i \text{与} v_j \text{之间有边} \\ 0 & \text{其他} \end{cases}$$

通常，我们需要将拉普拉斯矩阵进行归一化。常用的有两种方式。

（1）**对称归一化的拉普拉斯矩阵**（Symmetric Normalized Laplacian Matrix）：

$$L^{\text{sym}} = D^{-\frac{1}{2}} L D^{-\frac{1}{2}} = I - D^{-\frac{1}{2}} A D^{-\frac{1}{2}}$$

（2）**随机游走归一化的拉普拉斯矩阵**（Random Walk Normalized Laplacian Matrix）：

$$L^{\text{rw}} = D^{-1} L = I - D^{-1} A$$

下面我们通过一个简单的 4 个顶点的图的例子，回顾本书介绍过的一些概念。

在图 2.1 中，假设每个边的权重都是 1，则以下三个矩阵分别是这个图的邻接矩阵、度矩阵和拉普拉斯矩阵。

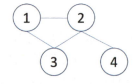

图 2.1　图与拉普拉斯矩阵

$$A = \begin{pmatrix} 0 & 1 & 1 & 0 \\ 1 & 0 & 1 & 1 \\ 1 & 1 & 0 & 0 \\ 0 & 1 & 0 & 0 \end{pmatrix}, \quad D = \begin{pmatrix} 2 & 0 & 0 & 0 \\ 0 & 3 & 0 & 0 \\ 0 & 0 & 2 & 0 \\ 0 & 0 & 0 & 1 \end{pmatrix},$$

$$L = D - A = \begin{pmatrix} 2 & -1 & -1 & 0 \\ -1 & 3 & -1 & -1 \\ -1 & 1 & 2 & 0 \\ 0 & -1 & 0 & 1 \end{pmatrix}$$

那么，我们通过这个 L 矩阵来观察一下拉普拉斯矩阵的性质。

- L 是对称的。
- L 是半正定矩阵（每个特征值 $\lambda_i \geqslant 0$）。
- L 的每一行每一列的和都是 0。
- L 的最小特征值为 0。给定一个特征向量 $v_0 = (1, 1, \cdots, 1)^{\mathrm{T}}$，根据上一条性质，$L$ 的每一行和为 0，所以 $Lv_0 = 0$。

2.2.2 拉普拉斯二次型

我们已经讲过，拉普拉斯矩阵是半正定矩阵，这就意味着对任意一个 n 维非 0 向量 z，$z^{\mathrm{T}} L z \geqslant 0$。式子展开后为

$$\begin{aligned} z^{\mathrm{T}} L z = z^{\mathrm{T}} D z - z^{\mathrm{T}} A z &= \sum_{i=1}^{n} d_i z_i^2 - \sum_{i,j=1}^{n} z_i z_j A_{ij} \\ &= \frac{1}{2} \left(\sum_{i=1}^{n} d_i z_i^2 - 2 \sum_{i,j=1}^{n} z_i z_j A_{ij} + \sum_{j=1}^{n} d_j z_j^2 \right) \\ &= \frac{1}{2} \sum_{i,j=1}^{n} A_{ij} (z_i - z_j)^2 \\ &= \sum_{(v_i, v_j) \in \mathcal{E}} w_{ij} (z_i - z_j)^2 \end{aligned} \qquad (2.1)$$

其中，d_i 是度矩阵 D 的对角元素，$d_i = d(v_i) = \sum_{j=1}^{n} A_{ij}$。为了区分 A 中的边和非边元素，我们用 w_{ij} 表示 v_i 与 v_j 连接时它们之间的权重。很显然，这个

式子是大于等于 0 的，所以 L 是半正定的。

式 (2.1) 被称为**拉普拉斯二次型**，它其实还有更多的数学意义。如果我们把 z 看作分布在一个图的各个顶点上的一个函数（或者信号），$z^\mathrm{T} L z$ 则表示这个函数 z 的**光滑**程度。如果它的值很小，则说明 z 从一个顶点到另一个邻接点的变化并不会很大。拉普拉斯二次型被广泛应用于机器学习领域，其中一个很常见的例子就是在半监督学习中作为正则项。除此之外，在图切分（Graph Cut）、谱聚类（Spectral Clustering）、图稀疏化（Graph Sparsification）等应用中都能看到它的身影，这里我们就不一一展开了。在下面的章节中，我们继续简单介绍拉普拉斯矩阵的其他有趣的理论。

2.2.3 拉普拉斯矩阵与图扩散

拉普拉斯矩阵的另一个重要作用是作为图上的离散拉普拉斯算子。假设我们在图上模拟一个热扩散的过程，$\phi(t)$ 是图上每个顶点的热量分布，热量传播的速度和顶点之间的热量差成正比（根据冷却定律），于是在点 v_i 上这个扩散过程可以表示为

$$\begin{aligned}
\frac{\mathrm{d}\phi_i}{\mathrm{d}t} &= c\sum_j A_{ij}(\phi_j - \phi_i) \\
&= c\left(\sum_j A_{ij}\phi_j - \sum_j A_{ij}\phi_i\right) \\
&= c\left(\sum_j A_{ij}\phi_j - d(v_i)\phi_i\right) \\
&= -c\sum_j (d(v_i)\delta_{ij} - A_{ij})\phi_j \\
&= -c\sum_j L_{ij}\phi_j
\end{aligned} \qquad (2.2)$$

其中，δ_{ij} 是一个指示变量，如果 $i = j$，则 $\delta_{ij} = 1$，否则 $\delta_{ij} = 0$。写成整个图上的矩阵形式，可以得到

$$\frac{\mathrm{d}\phi(t)}{\mathrm{d}t} = -c L \phi(t) \qquad (2.3)$$

对比热传播方程 $\frac{\mathrm{d}\phi(t)}{\mathrm{d}t} = k\nabla^2\phi(t) = k\Delta\phi(t)$ 可知，$-L$ 在式 (2.3) 中相当于<u>拉普拉斯算子 Δ（欧氏空间的二阶微分算子）</u>，所以 L 才被叫作（图）拉普拉斯矩阵（Graph Laplacian）。

2.2.4 图论傅里叶变换

图论傅里叶变换（Graph Fourier Transformation）将离散傅里叶转换延伸到处理图上的信号，它已经成为图信号分析的一个基础工具。简单地讲，图论傅里叶变换就是基于图拉普拉斯矩阵将图信号从空域（顶点上）$f(t)$ 转换到谱域（频域）$\mathbb{F}(\omega)$ 的一种方法。

让我们看一个传统的（连续）傅里叶变换：

$$\mathbb{F}(\omega) = \int f(t)\mathrm{e}^{-\mathrm{i}\omega t}\mathrm{d}t \tag{2.4}$$

其中，$\mathrm{e}^{-\mathrm{i}\omega t}$ 是其基函数，这个基函数其实与拉普拉斯算子有很大的关系：

$$\Delta \mathrm{e}^{-\mathrm{i}\omega t} = -\omega^2 \mathrm{e}^{-\mathrm{i}\omega t}$$

这是不是与特征值分解方程 $Lu = \lambda u$ 很像？因此，$\mathrm{e}^{-\mathrm{i}\omega t}$ 可以看作拉普拉斯算子的特征函数，而 ω 则与特征值相关。在介绍图扩散的时候讲过，图拉普拉斯矩阵对应着图上的拉普拉斯算子，那么如何把傅里叶变换迁移到图上呢？很自然地，我们把拉普拉斯算子的特征函数换成拉普拉斯矩阵的特征向量即可。

对于一个 n 个顶点的图 G，我们可以考虑将它的拉普拉斯矩阵 L 作为傅里叶变换中的拉普拉斯算子。因为 L 是实对称矩阵，可以进行如下所示的特征分解：

$$L = U\Lambda U^{-1} = U\Lambda U^\mathrm{T}$$

其中，U 是一个正交化的特征向量矩阵 $UU^\mathrm{T} = U^\mathrm{T}U = I$，$\Lambda$ 是特征值的对角阵。U 提供了一个图上完全正交的基底，图上的任意一个向量 f 都可以表示成 U 中特征向量的线性组合：

$$f = \sum_l \hat{\phi}_l u_l \tag{2.5}$$

其中，u_l 是 U 的第 l 个列向量，也是对应特征值 λ_l 的特征向量。如果我们用这些特征向量替代原来傅里叶变换式 (2.4) 中的基底，把原来的时域变为顶点上的空域，那么图上的傅里叶变换就变成

$$\mathbb{F}(\lambda_l) = \sum_{i=1}^{N} f(i) u_l(i) = \boldsymbol{u}_l^\mathrm{T} \boldsymbol{f} = \hat{\phi}_l$$

其中，λ_l 表示第 l 个特征值，$f(i)$ 对应第 i 个节点上的特征，$u_l(i)$ 表示特征向量 u_l 的第 i 个元素。推广到矩阵形式就是 $\boldsymbol{U}^\mathrm{T} \boldsymbol{f}$。

定义 1 图信号：定义在图的所有顶点上的信号 $\phi: \mathcal{V} \to \mathbb{R}^n$。可以将图信号当成一个 n 维的向量 $\boldsymbol{\phi} \in \mathbb{R}^n$，其中 ϕ_i 对应顶点 v_i 上的值。

定义 2 图论傅里叶变换：对于一个图信号 ϕ，图论傅里叶变换定义为 $\hat{\boldsymbol{\phi}} = \boldsymbol{U}^{-1} \boldsymbol{\phi} = \boldsymbol{U}^\mathrm{T} \boldsymbol{\phi}$。

定义 3 图论傅里叶逆变换：对于一个谱域上的图信号 $\hat{\boldsymbol{\phi}}$，图论傅里叶逆变换定义为 $\boldsymbol{U} \hat{\boldsymbol{\phi}}$。

很容易发现，图论傅里叶变换实际上和式 (2.5) 是对应的，它本质上就是将一个向量变换到以拉普拉斯矩阵的特征向量为基底的新空间中，这个空间也就是我们所说的谱域。图论傅里叶变换是可逆的，即 $\boldsymbol{U} \hat{\boldsymbol{\phi}} = \boldsymbol{U} \boldsymbol{U}^{-1} \boldsymbol{\phi} = \boldsymbol{\phi}$。

2.3 小结

图论傅里叶变换为图信号在谱域上的处理提供了一个工具。在谱域上，我们可以定义各种图上的信号过滤器，并延伸到定义图上的卷积操作。第 3 章将以此为基础，详细介绍图神经网络的模型和发展。本章用到的符号在接下来的章节将继续使用，读者可以在本书的"符号表"中找到书中通用或常用的符号。

3 图神经网络模型介绍

第 2 章介绍了图神经网络的一些基础知识。本章将具体展示如何将深度学习扩展到图结构数据上。我们将图神经网络分为基于谱域（Spectral Based）的模型和基于空域（Spatial Based）的模型，并按照发展顺序详解每个类别中的重要模型。

3.1 基于谱域的图神经网络

如第 1 章所述，谱域上的图卷积在图学习迈向深度学习的发展历程中起到了关键的作用。本节主要介绍三个具有代表性的谱域图神经网络：谱图卷积网络（Spectral GCN）、切比雪夫网络和图卷积网络。

3.1.1 谱图卷积网络

在第 1 章中我们讲到，由于图的节点不均匀性、排列不变性及额外的边属性等，规则网格上的卷积网络不能直接应用到图中。那么，我们应该如何定义图上的卷积呢？图信号分析和图谱论的工作为我们提供了一个从谱域进行卷积的操作。

定理 1 卷积定理：函数卷积的傅里叶变换是函数傅里叶变换的乘积，即

$$\mathbb{F}\{f*g\} = \mathbb{F}\{f\} \cdot \mathbb{F}\{g\} = \hat{f} \cdot \hat{g}$$

其中，$\mathbb{F}\{f\}$ 表示 f 的傅里叶变换得到对应的谱域信号 $\hat{f}$。

通过傅里叶逆变换 $\mathbb{F}^{-1}$，可以得到如下卷积形式：

$$f * g = \mathbb{F}^{-1}\{\mathbb{F}\{f\} \cdot \mathbb{F}\{g\}\} \tag{3.1}$$

给定一个有 n 个节点的图 G，若它的拉普拉斯矩阵 L 可特征分解为 $U\Lambda U^\mathrm{T}$，则由第 2 章的定义 2 和定义 3 可知，对于图信号 x，它的图论傅里叶变换为 $\mathbb{F}(x) = U^\mathrm{T}x$，图论傅里叶逆变换为 $\mathbb{F}^{-1}(x) = Ux$。将其代入式 (3.1) 中，就得到了图信号 x 与一个滤波器 g 的卷积操作：

$$x * g = U(U^\mathrm{T}x \odot U^\mathrm{T}g) \tag{3.2}$$

其中，$\odot$ 表示元素积（Hadamard Product）。根据这个公式，我们把 $U^\mathrm{T}g$ 整体当作一个可参数化的卷积核 θ，那么我们有

$$\begin{aligned}x * f &= U(U^\mathrm{T}x \odot \theta) = U(\theta \odot U^\mathrm{T}x) \\ &= Ug_\theta U^\mathrm{T}x\end{aligned} \tag{3.3}$$

其中，g_θ 是对角线元素为 θ 的对角阵

$$g_\theta = \mathrm{diag}(\theta) = \begin{pmatrix} \theta_1 & & & \\ & \theta_2 & & \\ & & \ddots & \\ & & & \theta_n \end{pmatrix} \tag{3.4}$$

总结一下，对于图卷积网络公式 (3.3)，我们可以将它看成一个图信号 x，进行了如下三个步骤的变换：

（1）将空域的图信号 x 进行图论傅里叶变换，得到 $\mathbb{F}(x) = U^\mathrm{T}x$。

（2）在谱域上定义可参数化的卷积核 g_θ，对谱域信号进行变换，得到 $g_\theta U^\mathrm{T}x$。

（3）将谱域信号进行图论傅里叶逆变换，将其转换成空域信号 $\mathbb{F}^{-1}(g_\theta U^\mathrm{T}x) = Ug_\theta U^\mathrm{T}x$。

最终，得到一个简洁的图卷积的形式：

$$g * x = U g_\theta U^T x = U \begin{pmatrix} \theta_1 & & & \\ & \theta_2 & & \\ & & \ddots & \\ & & & \theta_n \end{pmatrix} U^T x \quad (3.5)$$

为了将这种图卷积应用到图数据上，我们还需要把上述图卷积的定义从 n 维图信号 x 扩展到 $n \times d$ 维的图节点属性矩阵 X（Node Feature Matrix[①]）。具体来说，假设在第 l 层节点状态为 X^l，它的维度为 $n \times d_l$，那么我们可以更新节点状态为

$$x_j^{l+1} = \sigma \left(U \sum_{i=1}^{d_l} F_{i,j}^l U^T x_i^l \right), \quad (j = 1, \cdots, d_{l+1}) \quad (3.6)$$

其中，x_i^l 是矩阵 X^l 的第 i 列，也就是第 i 维的图信号；$F_{i,j}^l$ 对应 l 层第 i 维图信号 (x_i^l) 的卷积核（也就是式 (3.5) 中的 g_θ）；如果下一层的节点状态有 $n \times d_{l+1}$ 维，那么在这一层就有 $d_l \times d_{l+1}$ 个卷积核。

如果我们直接把 $F_{i,j}^l$ 当成可学习的参数，则到这里一个早期谱域图卷积网络[8] 就定义完成了。让我们看一看它和原来网格上的卷积神经网络的关系。我们知道，网格可以看作一个特殊的图结构，所以在网格上也可以使用这种图卷积，如式 (3.6) 所示，那么其实 $U F_{i,j}^l U^T$ 就对应于原来卷积神经网络中的一个卷积核。因此，图卷积是可以重构出网格上的卷积神经网络的。

虽然这个早期的模型为谱域上的图卷积指明了方向，但是它仍有诸多需要改善的地方。让我们看看实现这个神经网络所需要的代价。

（1）我们需要计算出图拉普拉斯矩阵的特征向量，这是一个 $\mathcal{O}(n^3)$ 复杂度的操作（n 为节点数量），可想而知，当图很大的时候计算它是不现实的。

（2）每次向前传递，都要计算 $U F_{i,j}^l U^T$，这种矩阵运算是很费时的操作。

（3）每一层都需要 $n \times d_l \times d_{l+1}$ 个参数来定义卷积核，当图很大时，参数可能过多，计算量大且不容易拟合。

（4）这种谱域卷积方式在空域上没有明确的意义，不能明确地局部化到顶点上。

[①] 为了和特征值、特征向量的概念区别开来，在本书中我们把 feature 翻译为属性（而非特征）。

接下来，我们介绍两个将谱域图卷积真正推向实用的模型。

3.1.2 切比雪夫网络

为了突破上述早期谱域图卷积网络的局限性，Deferrard 等人 [10] 提出了一个新的谱域图卷积网络，实现了快速局部化和低复杂度。由于使用了切比雪夫多项式展开近似，这个网络被称为切比雪夫网络。

我们回顾 3.1.1 中的谱域图卷积操作

$$g * x = U g_\theta U^\mathrm{T} x \tag{3.7}$$

从图信号分析的角度考虑，我们希望这个过滤函数 g 能够有比较好的局部化，也就是只影响图节点周围一个小区域的节点，因此我们可以把 g 定义成一个拉普拉斯矩阵的函数 $g_\theta(L)$，因为作用一次拉普拉斯矩阵相当于在图上把信息扩散到距离为 1 的邻接点。信号 x 被这个滤波器过滤后得到的结果可以写成：

$$y = g_\theta(L) x = g_\theta(U \Lambda U^\mathrm{T}) x = U g_\theta(\Lambda) U^\mathrm{T} x \tag{3.8}$$

也就是说，我们可以把谱域图卷积中的卷积核 g_θ 看作拉普拉斯矩阵特征值 Λ 的函数 $g_\theta(\Lambda)$。通常，我们可以选择使用一个多项式卷积核

$$g_\theta(\Lambda) = \sum_{k=0}^{K} \theta_k \Lambda^k \tag{3.9}$$

其中，参数 θ_k 是多项式的系数。通过这个定义，我们现在只需要 $K+1$ 个参数（$K \ll n$），这大大降低了参数学习过程的复杂度。回到式 (3.8)，就相当于我们定义了 $g_\theta(L) = \sum_{k=0}^{K} \theta_k L^k$，因此信息在每个节点最多传播 K 步，这样我们就同时实现了卷积的局部化。

而 ChebyNet 在此基础上提出了进一步的加速方案，把 $g_\theta(\Lambda)$ 近似为切比雪夫多项式的 K 阶截断：

$$g_{\boldsymbol{\theta}}(\boldsymbol{\Lambda}) = \sum_{k=0}^{K} \theta_k T_k(\tilde{\boldsymbol{\Lambda}}) \tag{3.10}$$

其中，T_k 是 k 阶切比雪夫多项式，$\tilde{\boldsymbol{\Lambda}} = 2\boldsymbol{\Lambda}_n/\lambda_{\max} - \boldsymbol{I}_n$ 是一个对角阵，主要为了将特征值对角阵映射到 $[-1,1]$ 区间。之所以采用切比雪夫多项式，是因为考虑到它具有很好的性质，可以循环递归求解（如式 (3.11) 所示）。

$$T_k(x) = 2x T_{k-1}(x) - T_{k-2}(x) \tag{3.11}$$

从初始值 $T_0 = 1$, $T_1 = x$ 开始，采用递归公式 (3.11)，可以轻易求得 k 阶 T_k 的值。

为了避免特征值分解，我们将式 (3.8) 写回为 $\boldsymbol{L}$ 的函数

$$\boldsymbol{y} = \boldsymbol{U} \sum_{k=0}^{K} \theta_k T_k(\tilde{\boldsymbol{\Lambda}}) \boldsymbol{U}^{\mathrm{T}} \boldsymbol{x} = \sum_{k=0}^{K} \theta_k T_k(\tilde{\boldsymbol{L}}) \boldsymbol{x} \tag{3.12}$$

其中，$\tilde{\boldsymbol{L}} = 2\boldsymbol{L}/\lambda_{\max} - \boldsymbol{I}_n$。注意，这个式子是拉普拉斯矩阵的 K 次多项式，因此它仍然保持了 K-局部化（节点仅被其周围的 K 阶邻居节点所影响）。在实际应用中，我们经常用对称归一化拉普拉斯矩阵 $\boldsymbol{L}^{\mathrm{sym}}$ 代替原本的 $\boldsymbol{L}$。

3.1.3 图卷积网络

在切比雪夫网络的基础上，我们可以进一步简化。Kipf 和 Welling[11] 提出了经典的图卷积网络。他们把切比雪夫网络中的多项式卷积核限定为 1 阶，这样图卷积（公式 (3.12)）就近似成了一个关于 $\tilde{\boldsymbol{L}}$ 的线性函数，可以大大减少计算量。当然，这样也带来了一个问题，即节点只能被它周围的 1 阶邻接点所影响。不过，我们只需要叠加 K 层这样的图卷积层，就可以把节点的影响力扩展到 K 阶邻居节点，这个问题也就迎刃而解了。事实上，叠加多层的 1 阶图卷积反而让节点对 K 阶邻居节点的依赖变得更弹性，在实验中也取得了很好的效果。

接下来，我们从切比雪夫网络的公式 (3.12) 出发，对图卷积网络进行推导。取拉普拉斯矩阵的对称归一化版本。由于拉普拉斯矩阵的最大特征值可以近似取 $\lambda_{\max} \approx 2$，1 阶图卷积可以写为

$$y = g_{\boldsymbol{\theta}}(\boldsymbol{L}^{\text{sym}})\boldsymbol{x} \approx \theta_0 T_0(\tilde{\boldsymbol{L}})\boldsymbol{x} + \theta_1 T_1(\tilde{\boldsymbol{L}})\boldsymbol{x}$$
$$= \theta_0 \boldsymbol{x} + \theta_1(\boldsymbol{L}^{\text{sym}} - \boldsymbol{I}_n)\boldsymbol{x}$$
$$= \theta_0 \boldsymbol{x} - \theta_1 \boldsymbol{D}^{-\frac{1}{2}} \boldsymbol{A} \boldsymbol{D}^{-\frac{1}{2}} \boldsymbol{x} \tag{3.13}$$

为了进一步减少参数数量，防止过拟合，取 $\theta' = \theta_0 = -\theta_1$，因此式 (3.13) 就变成了：

$$y = \theta'(\boldsymbol{I}_n + \boldsymbol{D}^{-\frac{1}{2}} \boldsymbol{A} \boldsymbol{D}^{-\frac{1}{2}})\boldsymbol{x}$$

观察矩阵 $\boldsymbol{I}_n + \boldsymbol{D}^{-\frac{1}{2}} \boldsymbol{A} \boldsymbol{D}^{-\frac{1}{2}}$，它的特征值范围为 $[0, 2]$。如果我们多次迭代这个操作，则有可能造成数值不稳定和梯度爆炸/弥散问题。为了缓解这个问题，我们需要再做一次归一化，让它的特征值落在 $[0, 1]$。我们定义 $\tilde{\boldsymbol{A}} = \boldsymbol{A} + \boldsymbol{I}_n$，对角阵 $\tilde{\boldsymbol{D}}$ 有 $\tilde{D}_{ii} = \sum_j \tilde{A}_{ij}$，则归一化后的矩阵变为

$$\boldsymbol{I}_n + \boldsymbol{D}^{-\frac{1}{2}} \boldsymbol{A} \boldsymbol{D}^{-\frac{1}{2}} \to \tilde{\boldsymbol{D}}^{-\frac{1}{2}} \tilde{\boldsymbol{A}} \tilde{\boldsymbol{D}}^{-\frac{1}{2}} \tag{3.14}$$

现在，我们的卷积操作变成了 $\theta' \tilde{\boldsymbol{D}}^{-\frac{1}{2}} \tilde{\boldsymbol{A}} \tilde{\boldsymbol{D}}^{-\frac{1}{2}} \boldsymbol{x}$。将图信号扩展到 $\boldsymbol{X} \in \mathbb{R}^{n \times c}$（相当于有 n 个节点，每个节点有 c 维的属性，$\boldsymbol{X}$ 是所有节点的初始属性矩阵）：

$$\boldsymbol{Z} = \tilde{\boldsymbol{D}}^{-\frac{1}{2}} \tilde{\boldsymbol{A}} \tilde{\boldsymbol{D}}^{-\frac{1}{2}} \boldsymbol{X} \boldsymbol{\Theta} \tag{3.15}$$

其中，$\boldsymbol{\Theta} \in \mathbb{R}^{c \times d}$ 是参数矩阵，$\boldsymbol{Z} \in \mathbb{R}^{n \times d}$ 是图卷积之后的输出。

在实际应用中，我们通常可以叠加多层图卷积，得到一个图卷积网络（如图 3.1 所示）。我们以 $\boldsymbol{H}^l$ 表示第 l 层的节点向量，$\boldsymbol{W}^l$ 表示对应层的参数，定义 $\hat{\boldsymbol{A}} = \tilde{\boldsymbol{D}}^{-\frac{1}{2}} \tilde{\boldsymbol{A}} \tilde{\boldsymbol{D}}^{-\frac{1}{2}}$，那么**每层图卷积可以正式定义**为

$$\boldsymbol{H}^{l+1} = f(\boldsymbol{H}^l, \boldsymbol{A}) = \sigma(\hat{\boldsymbol{A}} \boldsymbol{H}^l \boldsymbol{W}^l) \tag{3.16}$$

下面，我们以一个常用的两层图卷积网络来解释图卷积网络是怎么对节点进行半监督分类的。假设我们有一个 n 个节点的图 $G = \{\mathcal{V}, \mathcal{E}\}$，图中节点属性矩阵为 $\boldsymbol{X} \in \mathbb{R}^{n \times d}$，邻接矩阵为 $\boldsymbol{A}$，图中每个节点可以被分为 m 类中的一个。我们采用以下方法来预测节点的标签：

$$\hat{Y} = f(X, A) = \text{Softmax}\left(\hat{A}\text{ReLU}(\hat{A}XW^0)W^1\right) \tag{3.17}$$

首先，我们输入整个图的节点属性矩阵 X 和邻接矩阵 A，通过一个两层图卷积网络，得到节点嵌入矩阵 $Z = \hat{A}\text{ReLU}(\hat{A}XW^0)W^1$，然后用 Softmax 函数输出预测的分类结果，最后在训练集的节点 $\mathcal{V}_{\text{train}}$ 上比较预测结果 $\hat{Y}$ 和真实标签 Y 的差距，计算它们之间的交叉熵，将其结果作为损失函数：

$$\mathcal{L} = -\sum_{l=0}^{m-1} \sum_{i \in \mathcal{V}_{\text{train}}} Y_{li} \ln \hat{Y}_{li}$$

通过随机梯度下降法进行训练，就可以得到这个网络的权重了。

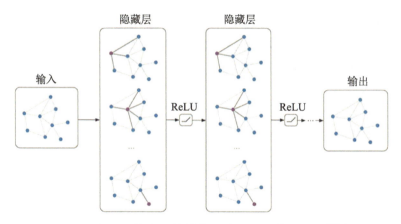

图 3.1 多层图卷积网络结构示意图。引自 Kipf 的博客

3.1.4 谱域图神经网络的局限和发展

尽管谱域图神经网络有着坚实的理论基础，并且在实际任务中取得了很好的效果，但是也存在明显的局限性。首先，很多谱域图神经网络需要分解拉普拉斯矩阵得到特征值和特征向量，这是一个复杂度很高的操作。虽然切比雪夫和图卷积网络在做了简化之后已经不需要这一步了，但是它们在计算时仍然需要将全图存入内存，这是很消耗内存的。其次，谱域图神经网络的卷积操作通常作用在图拉普拉斯矩阵的特征值矩阵上，在换到另一个图上时，这些卷积核参数是没办法迁移的，因此谱域图神经网络通常只作用在一个单独的图上，这

大大限制了这类模型的跨图学习和泛化能力。

由于谱域图神经网络模型的复杂性一般很高（图卷积网络是个特例），局限性也很大，它的后续研究并没有空域图神经网络那么多。但是，图谱分析为我们提供了一个非常好的分析工具，对谱域图卷积的研究也一直没有停止，例如在图小波网络（Graph Wavelet Net[48]）中使用了更高级的滤波器、反馈环路滤波器网络（DFNets[49]）设计了更稳定的滤波器、LanczosNET[50] 对拉普拉斯矩阵做了快速的低秩近似等。

3.2 基于空域的图神经网络

空域图神经网络出现得更早，并在后期更为流行。它们的核心理念是在空域上直接聚合邻接点的信息，非常符合人的直觉。如果把欧几里得空间中的卷积扩展到图上，那么显然这些方法需要解决的一个问题是：如何定义一个可以在不同邻居数目的节点上进行的操作，而且保持类似卷积神经网络的权值共享的特性。

3.2.1 早期的图神经网络与循环图神经网络

早期的图神经网络[6,7]就是直接从空域（顶点上的信号）的角度来考虑的。它的基础是**不动点理论**（Fixed Point Theory）。它的核心算法是通过节点的信息传播达到一个收敛的状态，基于此进行预测（由于它的状态更新方式是循环迭代的，所以一般被认为是图循环网络而非图卷积网络）。

定理 2（巴拿赫不动点定理）设 (X,d) 是非空的完备度量空间，如果 $T: X \to X$ 是 X 上的一个压缩映射，也就是 $\exists 0 \leqslant q < 1, d(T(x), T(y)) \leqslant qd(x,y)$，那么映射 T 在 X 内有且只有一个不动点 x^*，使得 $Tx^* = x^*$。

简单地说，如果我们有一个压缩映射，就从某一个初始值开始，一直循环迭代，最终到达唯一的收敛点。

Scarselli 等人[7]认为，图上的每个节点有一个隐藏状态，这个隐藏状态需要包含它的邻接点的信息，而图神经网络的目标就是学习这些节点的隐藏状态。根据不动点理论，我们只需要合理地在图上定义一个压缩映射来循环迭代各个顶点的状态，就可以得到收敛的隐藏状态了。那么，我们如何定义顶点状态的更新，又如何保证这是一个压缩映射呢？

考虑到节点状态的更新应该同时利用邻接点和边的信息，在 $t+1$ 时刻，节点 v 的隐藏状态 h_v^{t+1} 可以写成如下的形式：

$$h_v^{t+1} = f(\boldsymbol{x}_v, x_e(v), h_{ne}^t(v), x_{ne}(v)) \tag{3.18}$$

其中，$\boldsymbol{x}_v$ 是节点原本的属性向量，$x_e(v)$ 表示与节点 v 相连的所有边的属性，$h_{ne}^t(v)$ 表示 v 的邻接点在 t 时刻的状态，$x_{ne}(v)$ 表示 v 的邻接点原本的属性，f 可以用一个简单的前馈神经网络来实现。为了保证 f 是一个压缩映射，我们只需要限制 f 对状态矩阵 $\boldsymbol{H}$ 的偏导矩阵的大小。通过在最终的损失函数中加入对这个雅克比矩阵范数的惩罚项，这个约束条件就近似实现了。

虽然初代图神经网络提出了一个很好的概念，但是不动点理论也造成了它在表示学习上的局限性。节点的状态最终必须吸收周围邻接点的信息并收敛到不动点，使每个节点最终共享信息，这导致了节点过于相似而难以区分，也就是出现了过平滑的问题。第 4 章将详细讨论过平滑的问题，这是所有图神经网络模型都在尽力避免的一个问题。在深度学习时代来临之后，沿着循环神经网络的思路，Li 等人[12]提出了门控图神经网络，不再要求图收敛，而是采用门控循环神经网络的方式更新节点状态，取得了很大的进步。再往后，在谱域上的图卷积网络的推动下，空域上的图卷积网络出现并迅速流行起来，在百花齐放的同时开始走向统一框架。

3.2.2 再谈图卷积网络

在介绍谱域图神经网络的章节中，我们讲解了简化的图卷积网络。虽然它是从谱域进行推导的，但也可以被认为是一个空域图神经网络。让我们回顾图卷积网络的卷积公式 (3.16)，假设只看其中的一行，也就是一个节点，那么公式就变成了：

$$\begin{aligned} \boldsymbol{h}_{v_i}^{l+1} &= \sigma\left(\sum_{j=1}^n \frac{1}{c_{ij}} \boldsymbol{h}_{v_j}^l \boldsymbol{W}^l\right) \\ &= \sigma\left(\sum_{v_k \in \mathcal{N}(v_i) \cup \{v_i\}} \frac{1}{c_{ik}} \boldsymbol{h}_{v_k}^l \boldsymbol{W}^l\right) \end{aligned} \tag{3.19}$$

其中，$c_{ij} = \frac{1}{A_{ik}}$ 是正则化常数，$\mathcal{N}(v_i) \cup \{v_i\}$ 表示节点 v_i 的邻接点集合和它自身。式 (3.19) 表明，图卷积网络的每层操作本质上相当于节点属性的扩散，一个节点的状态通过接收邻接点的信息来聚合更新。这就是典型的空域卷积的做法。因此，图卷积网络实际上架起了一座谱域和空域图卷积的桥梁。

另外，通过这个扩展公式可以发现，图卷积网络还与判断图同构的算法有着重大的关联。

定义 4 Weisfeiler-Lehman 测试（W-L 测试）：这是一个测试两个图是否同构的经典算法。为了便于理解，我们只介绍 1 维的 W-L 算法（1-WL），它也被称为染色（如图 3.2 所示），具体实现如下。

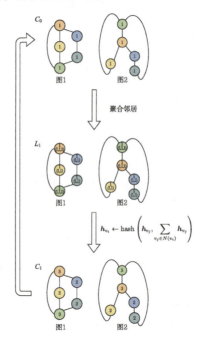

图 3.2　W-L 测试示意图

对于所有的节点 v_i，重复以下步骤直到收敛：

（1）取邻接点 $\{v_j\}$ 的特征集合 $\{h_{v_j}\}$。

（2）利用邻接点的特征更新中心节点 v_i 的特征 $h_{v_i} \leftarrow \text{hash}(h_{v_i}, \sum_{v_j \in N(v_i)} h_{v_j})$，其中 hash 表示一个散列函数。

图神经网络的更新公式 (3.19) 可以看作一个散列函数的神经网络替代版，

因此，图卷积网络在某种程度上可以看成一个带参数的 1-WL 算法。W-L 测试与图神经网络的表达力直接相关，在之后的章节中，我们会看到它实际上是某一类图神经网络的表达力上限。

3.2.3　GraphSAGE：归纳式图表示学习

在介绍谱域图卷积网络时，我们讲到这类图神经网络的一个局限是不能扩展到其他的图上的。即使是在同一个图上，要测试的点如果不在训练时就加入图结构，我们是没有办法得到它的嵌入表示的。很多早期的图神经网络和图嵌入方法都有类似的问题，它们大多是在直推式学习的框架下进行的，即假设要测试的节点和训练节点在一个图中，并且在训练过程中图结构中的所有节点都已被考虑进去（要注意的是，虽然图卷积网络在提出时只用作半监督/直推式学习，但它其实是可以改造成归纳式学习的）。它们只能得到已经包含在训练过程中的节点的嵌入，对于训练过程中没有出现过的未知节点则束手无策。由于它们在一个固定图上直接生成最终的节点嵌入，如果这个图的结构稍后有所改变，就需要重新训练。

Hamilton[15] 提出了一个归纳式学习的图神经网络模型——GraphSAGE，其主要观点是：节点的嵌入可以通过一个共同的聚合邻接点信息的函数得到。我们在训练时只需要得到这个聚合函数，就可以泛化到未知的节点上。显然，接下来的问题是如何定义这个聚合函数，以及怎么用它来定义一个可学习的图神经网络。

1. GraphSAGE 的前向传播过程

算法 3.1 描述了 GraphSAGE 用聚合函数生成节点嵌入的过程。假设我们有 K 层网络，在每一层中，节点状态更新的操作被分为两步：先把邻接点的信息全都用一个聚合函数（Aggregate）聚合到一起，再与节点本身的状态进行整合和状态更新。在每一层的最后，当所有的节点状态都被更新后，我们对节点的向量表示进行正则化，缩放到单位长度为 1 的向量上。

GraphSAGE 中的 SAGE 在这里是 **Sa**mple（采样）和 **A**ggre**GatE**（聚合）的简写，它很好地概括了这个模型的核心步骤。我们在算法 3.1 中只看到了聚合的部分。那么，为什么需要采样呢？一方面是为了方便批处理，另一方面是为了降低计算复杂度。为了方便批处理，在给定一批要更新的节点后，要先取出它们的 K 阶邻居节点集合；为了降低计算复杂度，可以只采样固定数量的邻居节点而非所有的。

算法 3.1 GraphSAGE 用聚合函数生成节点嵌入的过程

Require: $G = \{\mathcal{V}, \mathcal{E}\}$，其中节点的属性矩阵为 $\boldsymbol{X}$，每个节点 v 的属性为 $\boldsymbol{x}_v$；图神经网络的深度为 K，每层的参数为 $\boldsymbol{W}^l$（其中 $l \in [1, K]$）。
Ensure: 每个节点 v 的嵌入向量 $\boldsymbol{z}_v$。
$\boldsymbol{h}_v^0 \leftarrow \boldsymbol{x}_v, \forall v \in \mathcal{V}$
for $l = 0$ to n **do**
    for $v \in \mathcal{V}$ **do**
        $\boldsymbol{h}_{\mathcal{N}(v)}^l \leftarrow \text{Aggregate}_l\left(\{\boldsymbol{h}_u^{l-1}, \forall u \in \mathcal{N}(v)\}\right)$
        $\boldsymbol{h}_v^l \leftarrow \sigma(\boldsymbol{W}^k \text{CONCAT}(\boldsymbol{h}_v^{l-1}, \boldsymbol{h}_{\mathcal{N}(v)}^l))$
    end for
end for
$\boldsymbol{h}_v^l \leftarrow \boldsymbol{h}_v^l / \|\boldsymbol{h}_v^l\|_2, \forall v \in \mathcal{V}$
return $\boldsymbol{z}_v \leftarrow \boldsymbol{h}_v^K, \forall v \in \mathcal{V}$

2. GraphSAGE 的邻居采样

如果我们在生成节点嵌入的过程中使用所有的邻居节点，那么它的计算复杂度是不可控的，因为我们并不知道这个邻居节点的集合到底有多大——在最差的情况下，甚至会达到 $O(|\mathcal{V}|)$。在 GraphSAGE 的每个迭代过程中，我们对每个节点 v，从它的邻居节点集合 $\mathcal{N}(v)$ 中均匀采样出固定数量的节点做聚合。如果 GraphSAGE 有 K 层，每个点在每一层采样的邻居数量为 S_l（其中 $l \in [1, K]$），那么复杂度就变为 $O(\prod_l S_l)$。在实际应用中，一般取 $K = 2$，$S_1 S_2 \leqslant 500$。

图 3.3 总结了 GraphSAGE 的运行步骤。

（1）定义邻接域：对每个节点采样固定数量的邻居节点。

（2）根据算法 3.1 中的聚合函数聚合邻居节点的信息。

（3）得到所有节点的嵌入向量并作为下游任务的输入。

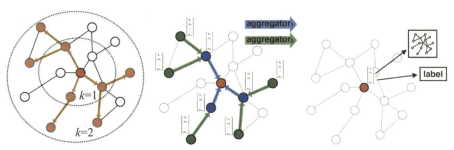

(a) 采样过程，图中 1 阶邻居采样 3 个，2 阶邻居采样 5 个 $(S_1 = 3, S_2 = 5)$
(b) 邻居节点的信息聚合过程
(c) 用得到的节点嵌入预测标签

图 3.3　GraphSAGE 的运行步骤。引自参考文献 [15]

3. **GraphSAGE 中聚合函数的选择**

图神经网络的一个重要特性是保证不因节点的顺序变化而改变输出，所以我们选取的聚合函数应该是对称的。GraphSAGE 给出了三种可选择的聚合函数。

（1）**均值聚合**（Mean Aggregator）：均值聚合即对所有邻接点的每个维度取平均值。我们只需要把算法 3.1 中的 Aggregate 函数换成均值函数 Mean。如果合并算法 3.1 中节点更新的两步并稍做调整，则可以把均值聚合的方式改写为

$$h_{\mathcal{N}(v)}^l \leftarrow \sigma \left(\boldsymbol{W} \text{Mean} \left(\{h_v^{l-1}\} \cup \{h_u^{l-1}, \forall u \in \mathcal{N}(v)\} \right) \right)$$

可以看出，它几乎近似等价于图卷积网络的节点更新方式（如式 (3.19) 所示），只是把图卷积网络变成了归纳式学习的方式。

（2）**LSTM 聚合**：LSTM 显然比均值聚合有更强的表达力，但它的问题是不对称。因此，在应用 LSTM 聚合时，GraphSAGE 使用了一些小技巧，那就是每次迭代时先随机打乱要聚合的邻接点的顺序，再使用 LSTM。

（3）**池化聚合**（Pooling Aggregator）：池化聚合先让所有邻接点通过一个全连接层，然后做最大化池化。它的优点是既对称又可训练。池化聚合的公式可以写为

$$\text{Aggregate}_k^{\text{pool}} = \max\left(\{\sigma(\boldsymbol{W}_{\text{pool}}\boldsymbol{h}_u^k + \boldsymbol{b}), \forall u \in \mathcal{N}(v)\}\right)$$

4. GraphSAGE 小结

GraphSAGE 的提出为图神经网络的发展带来了非常积极的意义：归纳式学习的方式让图神经网络更容易被泛化；而邻居采样的方法则引领了大规模图学习的潮流。虽然缺乏更加理论性地分析，但是它在实际应用中的易用性和良好的性能得到了广泛的关注，很多大规模图学习的开源代码都是基于 GraphSAGE 的方法完成的。另外，GraphSAGE 提出的邻接点聚合方法和多种不同聚合函数本身也开拓了空域图神经网络的思路。它仿照网络嵌入提出了图神经网络无监督学习的训练方法，也算是一个小小的贡献。因此，GraphSAGE 和图卷积网络一样，都算是图神经网络中里程碑式的模型，是常被用到的图神经网络之一。

3.2.4　消息传递神经网络

我们发现，在图卷积网络和 GraphSAGE 的模型中，空域图神经网络都是以某种形式从邻居节点传递信息到中心节点，实现节点状态的更新的。事实上，几乎所有的图神经网络都可以被认为是某种形式的消息传递，于是消息传递网络作为一种空域卷积的形式化框架被提出。类似于 GraphSAGE 的聚合与更新操作，它将图神经网络消息传播的过程分解为两个步骤：消息传递与状态更新操作，分别用 M 函数和 U 函数表示。

在每一层中，假设一个节点 v 在时间 t 的状态为 $\boldsymbol{h}_v^t$，$\mathcal{N}(v)$ 是它的邻接点集合，$\boldsymbol{e}_{vw}$ 是与之相连的边，则消息传递网络对节点隐藏状态的更新可表示为

$$\boldsymbol{m}_v^{t+1} = \sum_{w \in \mathcal{N}(v)} M_t(\boldsymbol{h}_v^t, \boldsymbol{h}_w^t, \boldsymbol{e}_{vw}) \tag{3.20}$$

$$\boldsymbol{h}_v^{t+1} = U(\boldsymbol{h}_v^t, \boldsymbol{m}_v^{t+1}) \tag{3.21}$$

式 (3.21) 的意义是：对于每个节点，收到来自每个邻居的消息后，通过自己上一时间点的状态 $\boldsymbol{h}_v^t$ 和收到的消息 $\boldsymbol{m}_v^{t+1}$ 共同更新自己的状态。值得注意的是，消息传递网络相对于我们之前讲到的模型有一个很大的不同，即加入了边的信息。这一方面是由于它在量子化学中的应用需求，另一方面让整个框架容纳了更多的可能性，使得它可以很好地扩展到包含多种边的异构图上。

3 图神经网络模型介绍

得到所有节点的最终状态 $\{h_v^T\}$ 后，用一个**读取函数** READOUT 将所有节点的表示整合成整个图的向量和表示：

$$\hat{y} = \text{READOUT}(\{h_v^T | v \in G\}) \tag{3.22}$$

图 3.4 为一个两层消息传递网络的前向传播示意图。

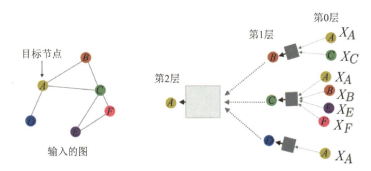

图 3.4 一个两层消息传递网络的前向传播示意图。引自参考文献 [39]

消息传递网络这个统一框架几乎可以囊括绝大部分图神经网络的模型，下面我们用几个例子介绍经典的图神经网络是怎么用消息传递的方式表示的。

- **图卷积网络**：在消息传递网络的框架下，消息函数可以写为 $M_t(h_v^t, h_w^t) = c_{vw} h_w^t$，其中 $c_{vw} = (d(v)d(w))^{-1/2} A_{vw}$，而更新函数则是 $U_v^t(h_v^t, m_v^{t+1}) = \text{ReLU}(W^t m_v^{t+1})$。

- **Neural FPs**[51]：这是早期提出的空域图神经网络的一种。它的消息函数是 $M_t(h_v^t, h_w^t, e_{vw}) = \text{CONCAT}(h_w, e_{vw})$，而更新函数为 $U_t(h_v^t, m_v^{t+1}) = \sigma(H_t^{d(v)} m_v^{t+1})$。它在消息传递的过程中加入了边的信息，如果我们综合所有的消息 $m_v^{t+1} = \text{CONCAT}(\sum h_w^t, \sum e_{vw})$，则会发现节点和边在聚合过程中其实是分开的，也就造成了节点和边的相关性不能很好地被识别。

- **门控图神经网络**[12]：在介绍循环图神经网络时提到过这个模型，作为空域图神经网络的一种，它也可以写成消息传递网络的形式。它的消息函数是 $M_t(h_v^t, h_w^t, e_{vw}) = A_{e_{vw}} h_w^t$，其中 $A_{e_{vw}}$ 是一个可学习的参数矩阵，代表每个不同类型的边所对应的矩阵操作，而更新函数为 $U_t = \text{GRU}(h_v^t, m_v^{t+1})$。另外，门控图神经网络最后的读取函数比较特殊，是一个带权重的求和函数：$R = \sum_{u \in \mathcal{V}} \sigma(i(h_v^{(T)}, h_v^0)) \odot \tanh(j(h_v^{(T)}), x_v)$，其中 T 为总的迭代次数，i 和 j 是两个神经网络，$\sigma(i(h_v^{(T)}, h_v^0))$ 是通过软注意力机制得到的每个节点的重要性。为了简便，激活函数 tanh 有时可以省略。

- **SpectralGNN**：有趣的是，消息传递网络虽然是从空域的角度看待图神经网络的，但它却可以把一些谱域图神经网络包含进来（因为它可以把图卷积操作局部化到节点上）。以 SpectralGNN[8] 和切比雪夫网络[10] 为例，它们的消息函数都可以写成 $M_t(h_v^t, h_w^t) = C_{vw}^t h_w^t$，其中 C_{vw}^t 是基于图拉普拉斯矩阵 L 的特征向量的一个参数化矩阵，而更新函数是 $U_t(h_v^t, m_v^{t+1}) = \sigma(m_v^{t+1})$。

虚拟节点

消息传递网络不仅统一了很多不同的图神经网络，它的作者还提出了一些基于此框架的变形和使用小技巧。其中一个很有用但是经常被忽略的技巧是在图中添加一个全局的虚拟节点，目的是使图中所有节点都可以通过这个虚拟节点接收和传递消息，这样哪怕两个离得很远的节点也可以通过虚拟节点把消息传给对方。如图 3.5 所示，节点 1 到 5 是原图的节点，节点 6 是新添加的虚拟节点。可以看到，本来相隔很远的两个节点 1 和 5，通过虚拟节点 6，只需要 2 步（相当于两层图神经网络）就可以相互传递信息了。添加虚拟节点的方式很简单，只需在图上增加一个新的全局节点（即虚拟节点，也被称为大师节点），并将它与图中每一个节点用一种特殊类型的边连接起来。在斯坦福大学最新的大型图分类公开数据集（Open Graph Benchmark，OGB）上，带虚拟节点的模型相对于原来的模型基本上都得到了不小的提升。

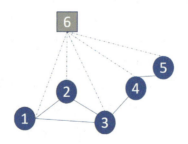

图 3.5　虚拟节点示意图

3.2.5 图注意力网络

注意力机制（Attention Mechanism）几乎成了很多深度学习模型中必需的模块，例如在自然语言处理中的机器翻译任务中[52]。最近横扫各大标准数据集的预训练模型 BERT[53] 所基于的模型也是一个全注意力结构 Transformer[54]。简单地讲，注意力机制通过赋予输入不同的权重，区分不同元素的重要性，从而抽取更加关键的信息，达到更好的效果。我们很容易想到，在图结构中，节点和节点的重要性是不同的，于是我们可以将注意力机制应用在图神经网络上，也就是图注意力网络上[14]。

下面我们介绍图注意力网络的每层是如何定义的（图注意力网络结构示意图可参考图 3.6）。假设我们有 N 个节点，作为输入的每个节点 i 的特征是 $h_i \in \mathbb{R}^F$，通过这一层更新后的节点特征是 h_i'。

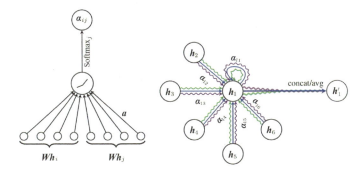

图 3.6　图注意力网络结构示意图。引自参考文献 [14]

首先，通过一个共享的注意力机制 att 计算节点间的自注意力：

$$e_{ij} = \text{att}(\boldsymbol{W}\boldsymbol{h}_i, \boldsymbol{W}\boldsymbol{h}_j)$$

其中，$\boldsymbol{W}$ 是一个共享权重，把原来的节点特征从 F 维转换为 F' 维，再通过函数 att：$\mathbb{R}^{F'} \to \mathbb{R}$ 映射到一个注意力权重。这个权重 e_{ij} 即表示节点 j 相对于 i 的重要度。在图注意力网络中，通常选取一个单层前馈神经网络和一个 LeakyReLU 作为非线性激活函数来计算 e_{ij}：

$$e_{ij} = \text{LeakyReLU}(\boldsymbol{a}[\boldsymbol{W}\boldsymbol{h}_i \| \boldsymbol{W}\boldsymbol{h}_j]) \tag{3.23}$$

其中 $\|$ 表示拼接，$\bm{a}$ 为一个向量参数。

为了保留原来的图结构信息，类似于消息传递网络的方式，我们只计算节点 i 的邻接点 $\mathcal{N}_i$ 的注意力，再进行归一化和融合。归一化后的注意力权重为

$$a_{ij} = \text{Softmax}_j(e_{ij}) = \frac{\exp(e_{ij})}{\sum_{k \in \mathcal{N}_i} \exp(e_{ij})} \tag{3.24}$$

代入式 (3.23)，得到

$$a_{ij} = \frac{\exp(\text{LeakyReLU}(\bm{a}[\bm{W}\bm{h}_i\|\bm{W}\bm{h}_j]))}{\sum_{k \in \mathcal{N}_i} \exp(\text{LeakyReLU}(\bm{a}[\bm{W}\bm{h}_i\|\bm{W}\bm{h}_j]))} \tag{3.25}$$

基于这个注意力权重，融合所有邻接点的信息，得到更新后的新节点特征：

$$\bm{h}'_i = \sigma\left(\sum_{j \in \mathcal{N}_i} a_{ij} \bm{W}\bm{h}_j\right) \tag{3.26}$$

为了提升模型的表达能力和训练稳定性，我们还可以借鉴自然语言处理中常用的 Transformer 模型结构 [54] 中的多头注意力层对其进行扩展，也就是用 K 个 $\bm{W}^k$ 得到不同的注意力，再将其拼接在一起或者求平均。具体地讲，除最后一层，我们在其他层都使用矩阵拼接的方法来整合多头注意力：

$$\bm{h}'_i = \|_{k=1}^{K} \left(\sum_{j \in \mathcal{N}_i} a_{ij}^k \bm{W}^k \bm{h}_j\right) \tag{3.27}$$

其中 $\|$ 表示拼接，a_{ij}^K 是 a_{ij} 在 K 个不同注意力机制间的归一化。而最后一层一般使用求平均的方法：

$$\bm{h}'_i = \sigma\left(\frac{1}{K} \sum_{k=1}^{K} \sum_{j \in \mathcal{N}_i} a_{ij}^k \bm{W}^k \bm{h}_j\right) \tag{3.28}$$

至此，图注意力网络的模型就介绍完整了。需要注意的是，尽管我们在实际的模型中只用了图结构本身的结构信息，也就是只计算了邻接点的注意力，但是它可以扩展到更一般的情况，即计算所有节点之间的注意力。这时，即使我们没有边的信息（或者在某些情况下，我们希望完全忽略边的信息），也可以

进行注意力层的计算。这类似于 Transformer 模型的全连接结构[54]。反过来讲，Transformer 模型也可以被看作某种形式的图神经网络，这个结论正被越来越多的研究者所接受，甚至在图神经网络的开源框架 DGL 中，通过图神经网络的方式，直接实现了 Transformer 模型。

3.2.6 图同构网络：Weisfeiler-Lehman 测试与图神经网络的表达力

介绍了这么多图神经网络模型，读者或许已经开始思考，为什么图神经网络受到这么大的关注，为什么它会带来很好的效果？这个问题涉及图神经网络的表达力。在最近的研究中，图神经网络的表达力问题也获得了更多的关注。对图模型表达力的研究，不仅加深了我们对图神经网络的理解，而且能够帮助我们设计出更好的模型。本节就介绍一个关于图神经网络表达力的经典工作，以及随之产生的另一个重要的模型——图同构网络。

为了了解表达能力，让我们先来回顾 3.2.2 节介绍的 Weisfeiler-Lehman 测试。图同构问题指的是验证两个图在拓扑结构上是否相同。Weisfeiler-Lehman 测试是一种有效的检验两个图是否同构的近似方法。当我们要判断两个图是否同构时，先通过聚合节点和它们邻居的标签，再通过散列函数得到节点新的标签，不断重复，直到每个节点的标签稳定不变。如果在某些迭代中，两个图的节点标签不同，则可以判定这两个图是不同的。在 Weisfeiler-Lehman 测试的过程中，K 次迭代之后，我们会得到关于一个节点的高度为 K 的子树，如图 3.7 所示。Weisfeiler-Lehman 子树常被用于核方法中，来计算两个图的相似度。

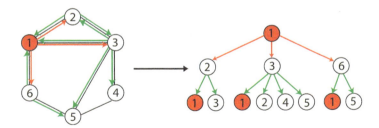

图 3.7　K 次迭代之后的 Weisfeiler-Lehman 子树（引自论文 *Weisfeiler-Lehman Graph Kernels*），这里取 $K = 2$

在前面的章节中，我们已经讲过，图卷积网络和 Weisfeiler-Lehman 测试有非常紧密的关联。事实上，这个结论不仅适用于图卷积网络，如果我们观察大部分空域图神经网络的更新步骤,就会发现它们和 Weisfeiler-Lehman 测试都非常相似。类似于消息传递网络中所归纳的框架,大部分基于空域的图神经网络都可以归结为两个步骤:聚合邻接点信息(Aggregate),更新节点信息(Combine)。我们称之为一个领域聚合方案。

$$a_v^k = \text{Aggregate}(\{h_u^{k-1}: u \in \mathcal{N}(v)\}), h_v^k = \text{Combine}(h_v^{k-1}, a_v^k)$$

与 Weisfeiler-Lehman 测试一样,在表达网络结构的时候,一个节点的表征会由该节点的父节点的子树信息聚合而成。

在图同构网络的论文[17]中,作者证明了 Weisfeiler-Lehman 测试是图神经网络表征能力的上限。

定理 3 设 G_1 和 G_2 为任意非同构图。如果一个图神经网络遵循领域聚合方案,将 G_1 和 G_2 映射到不同的嵌入,则 Weisfeiler-Lehman 测试也判定 G_1 和 G_2 不是同构的。

这就说明,**图神经网络的表达能力**不会超过 Weisfeiler-Lehman 测试的区分能力。那么,我们有没有办法得到和 Weisfeiler-Lehman 测试一样强大的图神经网络呢?回到领域聚合方案的框架,Weisfeiler-Lehman 测试最大的特点是其对每个节点的子树的聚合函数采用的是单射(Injective)①的散列函数。那么,是否将图神经网络的聚合函数也改成单射函数就能达到和 Weisfeiler-Lehman 测试一样的效果呢?

定理 4 设 $\mathcal{A}: G \to \mathbb{R}^d$ 是一个遵循邻域聚合方案的图神经网络。通过足够的迭代次数(在图神经网络层数多的情况下),如果满足以下条件,则 $\mathcal{A}$ 可以通过 Weisfeiler-Lehman 测试把非同构的两个图 G_1 和 G_2 映射到不同的嵌入:

(1)$\mathcal{A}$ 在每次迭代时所采用的节点状态更新公式:

$$h_v^k = \phi\left(h_v^{k-1}, f(\{h_u^{k-1}: u \in \mathcal{N}(v)\})\right)$$

其中 ϕ 是单射函数,f 是一个作用在多重集上的函数,也是单射函数。

(2)从节点嵌入整合到最终的图嵌入时,$\mathcal{A}$ 所采用的读取函数运行在节点嵌入的多重集 $\{h_v^k\}$ 上,也是一个单射函数。

---

① 单射指的是不同的输入值一定会对应到不同的函数值。严格地说,如果对于每一个 y 存在最多一个定义域内的 x,有 $f(x) = y$,则函数 f 被称为单射函数。

这个结论说明，要设计与 Weisfeiler-Lehman 一样强大的图卷积网络，最重要的条件是设计一个单射的聚合函数。

那么，什么样的聚合函数是一个单射的函数呢？我们来看一个例子：图 3.8 展示了两个节点 v_1 和 v_2，v_1 的邻接点是 1 个黄球和 1 个蓝球；v_2 的邻接点是 2 个黄球和 2 个蓝球。最常用的聚合函数包含图卷积网络中所使用的均值聚合，以及 GraphSAGE 中常用的均值聚合或最大值聚合，我们看看它们各自的表现。如果使用均值聚合或最大值聚合，聚合后 v_1 的状态是 (黄, 蓝)，而 v_2 的状态也是 (黄, 蓝)，显然它们把本应不同的两个节点映射到了同一个状态，这不满足单射的定义。再来看看求和函数，v_1 的状态是 (黄, 蓝)，而 v_2 的状态是 ($2 \times$ 黄, $2 \times$ 蓝)，竟然区分开来了。

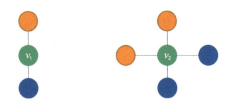

图 3.8　单射聚合函数的例子。在这个例子中，均值聚合和最大值聚合都不能区分 v_1 和 v_2，因此都不是单射函数，而求和聚合可以区分 v_1 和 v_2

其实，求和函数在多重集上就是一个单射函数。由此，我们得到了一个既出乎意料，又简单的新模型）——图同构网络，只需要把聚合函数改为求和函数，就可以提升图神经网络的表达力：

$$\boldsymbol{h}_v^k = \mathrm{MLP}\left((1+\epsilon^k)\boldsymbol{h}_v^{k-1} + \sum_{u \in \mathcal{N}(v)} \boldsymbol{h}_u^{k-1}\right) \tag{3.29}$$

这个模型不仅在理论上被证明和 Weisfeiler-Lehman 测试一样强大，而且的确在图分类的实验中取得了不凡的效果（至今，基于图同构网络的模型仍在很多图分类数据集上占据榜首的位置）。并不是说图卷积网络和 GraphSAGE 这类模型从此就可以退出舞台，虽然理论上它们没有如此出色的表达力，但是在很多节点分类任务上，它们的表现并不比图同构网络差。图同构网络具有出色的图区分能力，因此被认为是更适合图分类任务的模型。

3.3 小试牛刀：图卷积网络实战

作为一个功能强大又形式简洁的模型，图卷积网络很适合作为初学者入门练习的对象。下面我们就以 PyTorch 版本的图卷积网络为例，讲解从数据处理到模型构建、应用的一整套流程。本章代码可以在**链接 3-1** 中找到，代码参考了 PyGCN 并稍做修改以方便讲解（链接获取方式见前言中的读者服务）。

首先来看数据处理部分的代码：

```python
adj, features, y_train, y_val, y_test, train_mask, val_mask, test_mask = load_data()
features = preprocess_features(features)
supports = preprocess_adj(adj)
i = torch.from_numpy(features[0]).long().to(device)
v = torch.from_numpy(features[1]).to(device)
feature = torch.sparse.FloatTensor(i.t(), v, features[2]).to(device)
#将feature转为PyTorch的稀疏向量


i = torch.from_numpy(supports[0]).long().to(device)
v = torch.from_numpy(supports[1]).to(device)
support = torch.sparse.FloatTensor(i.t(), v, supports[2]).float().to(device)
#将support转为PyTorch的稀疏向量


def preprocess_features(features):
    rowsum = np.array(features.sum(1))
    #得到每行feature向量的和
    r_inv = np.power(rowsum, -1).flatten()
    r_inv[np.isinf(r_inv)] = 0.
    r_mat_inv = sp.diags(r_inv)
    features = r_mat_inv.dot(features)
    #对每行元素做归一化
    return sparse_to_tuple(features)


def normalize_adj(adj):
    adj = sp.coo_matrix(adj)
    rowsum = np.array(adj.sum(1))
    # 得到$\tilde{\bm{D}}$
    d_inv_sqrt = np.power(rowsum, -0.5).flatten()
    # 得到$\tilde{\bm{D}}^{-1/2}$
    d_inv_sqrt[np.isinf(d_inv_sqrt)] = 0.
    ### 这一步是很值得注意的，因为计算$\tilde{\bm{D}}^{-1/2}$的过程中可能会出现inf值
    d_mat_inv_sqrt = sp.diags(d_inv_sqrt)
    return adj.dot(d_mat_inv_sqrt).transpose().dot(d_mat_inv_sqrt).tocoo()
    #得到$\tilde{\bm{D}}^{-1/2} (A+I) \tilde{\bm{D}}^{-1/2}$


def preprocess_adj(adj):
    adj_normalized = normalize_adj(adj + sp.eye(adj.shape[0]))
    #得到正则化的邻接矩阵$\hat{\bm{A}} = \tilde{\bm{D}}^{-1/2} (A+I) \tilde{\bm{D}}^{-1/2}$
    return sparse_to_tuple(adj_normalized)
```

这里我们忽略具体的细节（比如 load_data 函数），只看程序的逻辑。通过 load_data 函数，我们得到了所需的图数据：对于半监督的节点分类任务，通常只有一个图[如果是多个图的数据，如 PPI（蛋白质交互网络，Protein-Protein-Interaction），

则可以把所有的图合并在一起，得到一个非联通的大图；如果是图分类任务，则需要改变 load_data 函数里的内容] 并且可以在训练时就得到图中所有的节点特征信息 features 和整个图的邻接矩阵 adj。在标准数据集（如 Cora）中，一般已经给定了固定的数据分割，所以我们还可以从数据中得到三个 mask，用来分割训练数据、验证数据和测试数据。

让我们观察图卷积网络的卷积操作 $H^{l+1} = \tilde{D}^{-\frac{1}{2}} \tilde{A} \tilde{D}^{-\frac{1}{2}} H^l \Theta$，图卷积网络的每一层中有两个输入，一个是当前节点的状态（最开始的一层就是节点的特征 x），另一个是邻接矩阵。因此，我们需要对这两个输入分别做预处理。preprocess_features 主要有两个作用，一个作用是在某些情况下对节点的特征进行正则化，让每个节点的特征都在 $[0,1]$，这样可以避免由于节点特征的取值差距过大带来的计算问题（当然，这一步操作并不是必需的，也不是对所有数据都有效的）；另一个作用是对节点特征矩阵做稀疏化处理，在节点特征稀疏的情况下，将其转换为稀疏矩阵可以降低对内存的要求，并提高计算效率。当然，这一步也不是必需的，因为不是所有数据的节点特征矩阵都是稀疏的。preprocess_adj 则是图卷积所必需的预处理，它让我们从原始邻接矩阵得到图卷积网络操作中所需要的正则化邻接矩阵 $\hat{A} = \tilde{D}^{-\frac{1}{2}} \tilde{A} \tilde{D}^{-\frac{1}{2}}, \tilde{A} = A + I$。同样，我们需要对最终的输出做稀疏化处理，因为大部分图数据都是稀疏的，所以在矩阵乘法中使用稀疏化的邻接矩阵要更高效。

接下来，我们介绍模型构建部分的代码：

```
1  class GCN(nn.Module):
2      def __init__(self, nfeat, nhid, nclass, dropout):
3          super(GCN, self).__init__()
4
5          self.gc1 = GraphConvolution(nfeat, nhid, is_sparse_inputs=True)
6          self.gc2 = GraphConvolution(nhid, nclass, is_sparse_inputs=False)
7          self.dropout = dropout
8
9      def forward(self, x, adj):
10         x = F.relu(self.gc1(x, adj))
11         x = F.dropout(x, self.dropout, training=self.training)
12         x = self.gc2(x, adj)
13         return F.log_softmax(x, dim=1)
```

模型的构建其实很简单，就是叠加了两层图卷积网络。先在第一层图卷积网络后面加上非线性激活函数 ReLU，再加一层 dropout 防止过拟合；第二层图卷积网络则直接加上 softmax，输出多分类的结果。对于大部分标准数据，两层图卷积网络即可达到很好的效果，叠加更多的层并不一定能提升模型的表现，反而可能导致过平滑的问题。我们将在之后的章节中解释这些概念并设计更深层的图卷积网络。

那么，整个代码的核心部分就在于每一层图卷积网络的定义：

```
1   class GraphConvolution(Module):
2       def __init__(self, in_features, out_features, is_sparse_inputs=False, bias=True):
3           super(GraphConvolution, self).__init__()
4           self.in_features = in_features
5           #输入节点feature的维度
6           self.out_features = out_features
7           #输出维度
8           self.is_sparse_inputs = is_sparse_inputs
9           #节点feature矩阵是否为稀疏矩阵
10          self.weight = Parameter(torch.FloatTensor(in_features, out_features))
11          if bias:
12              self.bias = Parameter(torch.FloatTensor(out_features))
13          else:
14              self.register_parameter('bias', None)
15          self.reset_parameters() #初始化参数
16  
17      def reset_parameters(self):
18          stdv = 1. / math.sqrt(self.weight.size(1))
19          self.weight.data.uniform_(-stdv, stdv)
20          if self.bias is not None:
21              self.bias.data.uniform_(-stdv, stdv)
22  
23      def forward(self, input, adj):
24          if self.is_sparse_inputs:
25              support = torch.spmm(input, self.weight)
26              #将图卷积操作分为两步，第一步得到$\bm{H}^l \bm{W}$
27          else:
28              support = torch.mm(input, self.weight)
29          output = torch.spmm(adj, support)
30          #第二步得到$\hat{\bm{A}} (\bm{H}^l \bm{W})$
31          if self.bias is not None:
32              return output + self.bias
33              #模型可以增加偏差参数，改进为$\hat{\bm{A}} (\bm{H}^l \bm{W}) + \bm{b}$
34          else:
35              return output
```

我们主要看 forward 部分，它要实现的功能就是 $\hat{\bm{A}}\bm{H}^l\bm{W}$，每一层输入的 adj 参数实际上是正则化处理之后的 $\hat{\bm{A}}$，而参数 input 是前一层的节点状态 $\bm{H}^l$。由于第一层输入的节点特征矩阵可以是稀疏矩阵，我们需要用一个额外的参数 is_sparse_inputs 来确定是使用稀疏矩阵乘法 torch.spmm，还是普通的矩阵乘法 torch.mm。本章代码中给出的例子是稀疏的节点特征矩阵，因此我们可以看到，在前面的图卷积网络模型定义中，第一层的参数 is_sparse_inputs 为 True，而由于 spmm 的结果总为稠密矩阵，不管每一层的输入是否为稀疏矩阵，输出都是稠密的。因此，在图卷积网络模型的定义中，第二层的输入总是稠密的，参数 is_sparse_inputs 也就变成了 False。如果在处理数据的时候 feature 为稠密矩阵，那么只需要把图卷积网络模型中第一层的参数 is_sparse_inputs 改为 False 即可。另外，要注意在有些情况下，为了提高模型的容量，我们还可以加上一个偏置

3 图神经网络模型介绍

参数 b，这样图卷积网络的每层就变成了 $\hat{A}H^lW + b$。根据以往的经验，这个参数在常用数据集上对结果的影响一般并不是很大。

这样，我们就完成了对数据处理和模型建构部分的分析，最后介绍怎么利用这些数据和模型进行训练和测试。

```
1   device = torch.device("cuda:0" if torch.cuda.is_available() else "cpu")
2   #定义运行环境用的CPU或GPU
3
4   model = GCN(feat_dim, args.hidden, num_classes, args.dropout)
5   #初始化图卷积网络模型
6   model.to(device)
7   #将模型映射到设备上
8   optimizer = optim.Adam(net.parameters(), lr=args.learning_rate, weight_decay=args.weight_decay)
9   #定义优化器
10
11  def train(epoch):
12      model.train() #模型为训练环境
13      optimizer.zero_grad() #
14      out = model(feature, support)
15      #将训练数据(处理好的feature和正则化后的稀疏邻接矩阵support)输入模型中
16
17      loss_train = masked_loss(out, train_label, train_mask)
18      #得到训练loss
19
20      acc_train = masked_acc(out, train_label, train_mask)
21      #得到训练准确率
22
23      loss_train.backward()
24      optimizer.step()
25
26  def test():
27      model.eval()
28      out = model((feature, support))
29      out = out[0]
30      acc = masked_acc(out, test_label, test_mask)
31      #测试准确率
32      print('test:', acc.item())
33
34  for epoch in range(args.epochs):
35      train(epoch)
36  test()
```

训练和测试的步骤基本和其他深度学习模型的一样。对 PyTorch 和深度学习模型有基本了解的读者应该已经对这部分内容比较熟悉，可以参考我们程序里的注释练习，本节就不赘述了。需要提醒读者注意以下两点：

（1）在这个简单的图卷积网络实现中，没有使用批处理的方式进行训练，因为这样实现更容易。对于大部分数据集来说，这种实现方式是没有问题的，但对于一些大规模的数据集（如 Reddit），因为节点数过多，如果不采用批处理或采样的方式进行训练，就会出现内存爆炸等问题。

（2）这里沿用原始的图卷积网络程序，省略了验证集和早停（Early Stopping）

这两个步骤。为了测试的准确性，建议读者在自己实现的时候加上验证集。

随着图神经网络越来越流行，很多公司和机构开发了一些开源的图神经网络框架，最有名的是 DGL（Deep Graph Library）和 PyTorch Geometric。在这些框架中，我们可以直接调用所需模型或者数据集。感兴趣的读者可以参考这些开源框架里的实现和使用说明。

3.4 小结

本章沿着图神经网络的发展脉络介绍了主要的两类图神经网络模型：谱域图神经网络和空域图神经网络。谱域图神经网络的方法以图论傅里叶变换为基础，通过在谱域定义卷积来实现图信号的处理；而空域图神经网络则可以视为图上节点的消息传递和聚合。之后发展出的各种各样的图神经网络大都可以归于这两种框架（即基于"谱域卷积"的方式或基于"消息传递"的方式），如我们在 3.2.4 节所展示的那些例子，就可以看作消息传递框架下的不同实现。虽然这些经典模型相对早期模型已经取得了长足的进步和巨大的成功，但是随着图神经网络的应用越来越多，人们开始发现它们的潜在问题，并开始从各种角度探索它们的发展。

第 4 章将简要介绍图神经网络与其他领域的联系，帮助读者更好地理解图神经网络的本质，并探讨它潜在的过平滑问题。第 5 章将探索图神经网络的扩展课题和研究前沿，如图神经网络的加深、加速、无监督学习等。

深入理解图卷积网络

在之前的章节中，我们从图谱论和信息传递的角度讲解了各种各样的图神经网络。那么，读者有没有想过，为什么图神经网络可以取得这么好的效果？它的本质是什么？本章，我们换一个角度来剖析图神经网络，特别是图卷积网络。

4.1 图卷积与拉普拉斯平滑：图卷积网络的过平滑问题

我们可以从不同的角度理解图卷积网络的作用机制，其中一个是：通过与不利用图信息的全连接网络（Fully Connected Networks，FCN）进行比较。让我们考虑一层简单的图卷积网络：

$$H^{l+1} = \sigma(\tilde{D}^{-1/2}\tilde{A}\tilde{D}^{1/2}H^l\Theta^l)$$

它可以被拆解为两步。我们先对 H^l 用图卷积，得到一个新的特征矩阵：

$$Y = \tilde{D}^{-1/2}\tilde{A}\tilde{D}^{1/2}H^l$$

然后在这个新的特征矩阵上加上一个全连接层：

$$H^{l+1} = Y\Theta^l$$

可以看出，相比直接在原始特征矩阵上用一个简单的全连接网络 $H^l = \sigma(H^l\Theta^l)$，图卷积网络的改变主要在前面这一步。表 4.1 所示为图卷积网络与全连接网络在 Cora 数据集上的结果对比（其中两层图卷积网络的结果和 Kipf 在图卷积网络论文中给出的实现结果不完全相符，不过这属于正常运行误差）。可以看出，通过使用图结构信息，图卷积网络取得了明显的优势，卷积操作对结果的提升是显著的。一层图卷积网络的性能已经大大超过了全连接网络，而两层图卷积网络的性能又有了飞跃。那么，这个卷积操作，也就是与 $\hat{A} = \tilde{D}^{-1/2}\tilde{A}\tilde{D}^{1/2}H^l$ 的乘积，为什么可以取得这么好的结果呢？Li 等人[55]指出，实际上，图卷积网络的每一层就是一种特别的拉普拉斯平滑。

表 4.1　图卷积网络与全连接网络在 Cora 数据集上的结果对比

一层全连接网络	一层图卷积网络	两层全连接网络	两层图卷积网络
0.530	0.707	0.559	0.798

在介绍图的拉普拉斯矩阵时，我们提到了拉普拉斯平滑的概念。简单讲，**拉普拉斯平滑就是让一个点和它周围的点尽可能相似，每个节点的新特征是其周围节点特征的均值**。让我们考虑这样一个图，在原来图的基础上，给它加上自环，也就是每个节点可以有连接到自己的边，这样图的邻接矩阵就变成了，即 $\tilde{A} = A + I$。在这个图上，节点特征的任意维度都可以看成一个图信号，那么在这个维度上的拉普拉斯平滑就可以被定义为

$$\hat{y}_i = \sum_j \frac{\tilde{a}_{ij}}{d_i} x_j$$

如果加上节点本身的影响，则可以扩展为 $\hat{y}_i = (1-\gamma)x_i + \gamma \sum_j \frac{\tilde{a}_{ij}}{d_i}x_j$，其中 $0 < \gamma \leqslant 1$ 是控制信息传播中当前节点信息和邻接点信息比例的参数。写成矩阵形式就是

$$\hat{Y} = X - \tilde{D}^{-1}\tilde{L}X = (I - \gamma\tilde{D}^{-1}\tilde{L})X$$

其中 $\tilde{L} = \tilde{D} - \tilde{A}$。如果我们把正则化的拉普拉斯矩阵 $L^{rw} = \tilde{D}^{-1}\tilde{L}$ 换成对称型 $L^{sym} = \tilde{D}^{-1/2}\tilde{L}\tilde{D}^{-1/2}$，则有

$$\hat{Y} = (I - \gamma \tilde{D}^{-1/2} \tilde{L} \tilde{D}^{-1/2})X$$

在 $\gamma = 1$ 的标准情况下，有

$$\hat{Y} = (I - \tilde{D}^{-1/2}(\tilde{D} - \tilde{A})\tilde{D}^{-1/2})X = (\tilde{D}^{-1/2}\tilde{A}\tilde{D}^{-1/2})X$$

这就回到了图卷积网络的卷积操作。因此，**图卷积可以被认为是一种特殊形式的拉普拉斯平滑**。

虽然拉普拉斯平滑的特性给图卷积网络带来了很多好处，使得每个节点能够更好地利用周围节点的信息，但是它也带来了对图卷积网络模型的限制。研究者发现，叠加越来越多的图卷积网络层后，训练结果不仅没有变得更好，反而变差了。这又是为什么呢？

假设一个图是联通的，并且不是一个二分图，我们对它上面的一个图信号 ω 做 m 次拉普拉斯平滑（相当于叠加 m 层图卷积网络）后，这个图信号将最终收敛到同一个值，节点本身的信息则全部丢失，即

$$\lim_{m \to +\infty} (I - \gamma L^{\text{sym}})^m \omega = cD^{-1/2}[1, \cdots, 1]^{\text{T}}$$

其中 c 是一个常数项。

简要证明：

对称归一化拉普拉斯矩阵 L^{sym} 的特征值范围为 $[0, 2]$，而且仅当图为二分图时它才有最大特征值 2，所以对于一般的图，它的特征值范围仅为 $[0, 2)$，其中特征值 0 对应的特征向量为 $D^{1/2}[1, \cdots, 1]^{\text{T}}$，因为 $L^{\text{sym}} D^{1/2}[1, \cdots, 1]^{\text{T}} = D^{-1/2}L[1, \cdots, 1]^{\text{T}} = 0$。这样，当 $\gamma \in (0, 1]$ 时，$I - \gamma L^{\text{sym}}$ 的特征值总是落在 $(-1, 1]$，而特征值 $\lambda_0 = 1$ 对应的特征向量就是 $u_0 = D^{-1/2}[1, \cdots, 1]^{\text{T}}$。由于 $(I - \gamma L^{\text{sym}})$ 的特征向量组成了一组基 $\{u_j\}$（其中 u_j 为特征值 λ_j 对应的特征向量），可以把任意 ω 写成特征向量的线性组合 $\omega = \sum_i a_{ij} u_j$，在叠加无限多层时，特征值的绝对值小于 1 的成分都收敛到 0，只留下特征值为 1 的成分，也就是

$$\lim_{m \to +\infty} (I - \gamma L^{\text{sym}})^m \omega$$

$$= \lim_{m \to +\infty} (I - \gamma L^{\text{sym}})^m \sum_i a_{ij} u_j$$

$$= \lim_{m \to +\infty} \sum_i a_{ij} \lambda_j^m u_j$$

$$= a_{i0} 1^m u_0 = c D^{-1/2} [1, \cdots, 1]^T$$

如果图不是联通的，则我们可以把图分割成不同的联通块，并得出相似的结论，只不过叠加无限多层之后的状态就是多个 u_0 向量的线性组合。

这就是图卷积网络的过平滑问题。之后，又有研究者对图卷积网络的过平滑问题做出了更详细的理论分析[56]：当图卷积网络的参数满足一定条件时，随着图卷积网络层数的增加，它的表达力呈指数下降。

叠加多层图卷积网络会过平滑，而只用浅层（如两层）图卷积网络又不能获得有用的远程信息，怎么解决这个问题呢？Li 等人[55] 想了一个办法，他们除了使用图卷积网络模型，还使用了一个随机游走模型，将两个模型通过协同训练（Co-training）①的方式结合，得到一个类似于标签传播的最终态，这就意味着信息已经从任意节点传到无限远了。然后，图卷积网络和随机游走模型可以用协同训练的方式结合，进行半监督学习，这样就同时拥有了两个模型的好处。实验证明，这个方法在训练标签更少的时候可以显著提升图卷积网络的效果。

除了这种方法，解决深层图卷积网络过平滑问题的方法还有残差连接（Skip Connection）、跳跃知识网络[57]、DropEdge[58] 等，这些内容将在第 5 章详细介绍。

4.2 图卷积网络与个性化 PageRank

同样是为了解决图卷积网络的过平滑问题，一个新的观点被提出[59]——将图卷积网络与个性化 PageRank 联系在一起（如图 4.1 所示）。

对一个 k 层的图卷积网络，假设输入节点属性为 X，邻接矩阵为 A，输出节点嵌入为 Z，那么一个节点 x 对另一个节点 y 的影响分数可以被计算为 $I(x,y) = \sum_i \sum_j \frac{\partial Z_{yi}}{\partial X_{xj}}$，它与从根节点 x 出发的 k 步随机游走的概率密切相关：$P(x \to y, k)$。当随机游走到无限远时（即 $k \to \infty$），并且如果这个图是不可约且非周期性的，那么这个随机游走的概率分布会收缩到一个极限 $\pi = \hat{A}\pi$。由

---

① 一种半监督学习的经典方法。

于这个极限状态的解只依赖于图结构本身，与出发点无关，就导致节点本身信息的损失（等同于过平滑）。对 PageRank 有了解的读者很容易发现上述随机游走方式与 PageRank 的相似之处。在 PageRank 中，我们可以得到一个随机游走的收敛状态 $\pi_{\mathrm{pr}} = \boldsymbol{A}_{\mathrm{rw}}\pi_{\mathrm{pr}}$，不同的只是状态转移矩阵用的是 $\boldsymbol{A}_{\mathrm{rw}} = \boldsymbol{A}\boldsymbol{D}^{-1}$。

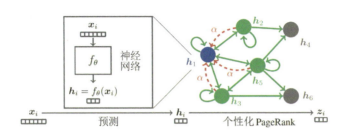

图 4.1　图神经网络与个性化 PageRank。引自参考文献 [59]

为了解决节点信息丢失的问题，在 PageRank 中，我们可以通过在随机游走中保留部分根节点信息来改进模型，也就是得到个性化 PageRank 模型。我们只需要对随机游走模型做些许改动，加上根节点的信息，使它变成

$$\pi(\boldsymbol{i}_x) = (1-\alpha)\hat{\boldsymbol{A}}\pi(\boldsymbol{i}_x) + \alpha\boldsymbol{i}_x$$

求解它的极限状态，得到

$$\pi(\boldsymbol{i}_x) = \alpha(\boldsymbol{I} - (1-\alpha)\hat{\boldsymbol{A}})^{-1}\boldsymbol{i}_x$$

这个极限状态也就是个性化 PageRank 的解。可以看出，即使在极限状态下，通过对根节点的设置，原节点的信息 $\boldsymbol{i}_x$ 依然被保留，在最终状态中，不同节点也就拥有了不同的表示。

然后，我们可以将这种传播方式移植到图神经网络中。我们先对节点的属性 $\boldsymbol{X}$ 进行变换，得到一个初始的节点状态 $\boldsymbol{H}$，然后利用个性化 PageRank 更新这个状态直到收敛，这样一个可以把节点信息传到"无限远"的新模型就诞生了：

$$Z = \text{Softmax}(\alpha(\boldsymbol{I} - (1-\alpha)\hat{\boldsymbol{A}})^{-1}\boldsymbol{H})) \tag{4.1}$$

其中 $\boldsymbol{H} = f_{\boldsymbol{\theta}}(\boldsymbol{X})$ 可以是一个多层感知机（Multi-Layer Perceptron，MLP）。这个全新的图神经网络被称为**PPNP**（Personalized Propagation of Neural Predications，神经网络预测的个性化传播模型）。

求解矩阵的逆 $(\boldsymbol{I} - (1-\alpha)\hat{\boldsymbol{A}})^{-1}$ 并不是一件容易的事情，复杂度非常高，尤其在图很大的情况下是很难直接计算的。因此，我们对式 (4.1) 做了一个近似计算，相比于直接求矩阵的逆计算出最终状态，我们可以把它拆解成随机游走的形式进行 K 步迭代计算：

$$\begin{aligned} \boldsymbol{Z}^0 &= \boldsymbol{H} = f_{\boldsymbol{\theta}}(\boldsymbol{X}),\ k = [1, \cdots, K-1] \\ \boldsymbol{Z}^k &= (1-\alpha)\hat{\boldsymbol{A}}\boldsymbol{Z}^{k-1} + \alpha\boldsymbol{H} \\ \boldsymbol{Z}^K &= \text{Softmax}((1-\alpha)\hat{\boldsymbol{A}}\boldsymbol{Z}^{K-1} + \alpha\boldsymbol{H}) \end{aligned} \tag{4.2}$$

因为是对 PPNP 的一种近似，所以称这个模型为**APPNP**（Approximated PPNP，神经网络预测的近似个性化传播模型）。观察 APPNP 的每个步骤，我们会发现只有在最开始 $\boldsymbol{Z}^0$ 的计算中有参数，接下来的更新步骤都是无参数的，这使得增加层数不会对整个图神经网络的参数量造成影响，因此只需要很少的参数就可以传播到更多的层，而且不太容易造成过平滑的问题。

4.3 图卷积网络与低通滤波

我们知道，很多早期的图卷积网络是从图信号分析的概念出发，利用图傅里叶变换的形式来定义谱域图卷积网络的。那么，从图信号分析的角度看，图卷积神经网络究竟是怎样一个滤波器呢？Nt 和 Maehara[60] 给出了一个明确的答案：**图卷积网络和它的其他变体本质上都是图信号的低通滤波器**。

4.3.1 图卷积网络的低通滤波效果

首先，我们回顾第 3 章介绍的谱域图神经网络，图卷积网络可以看成图信号在谱域上的滤波器：

$$\boldsymbol{y} = g_{\boldsymbol{\theta}}(\boldsymbol{L})\boldsymbol{x} = g_{\boldsymbol{\theta}}(\boldsymbol{U}\boldsymbol{\Lambda}\boldsymbol{U}^{\text{T}})\boldsymbol{x} = \boldsymbol{U}g_{\boldsymbol{\theta}}(\boldsymbol{\Lambda})\boldsymbol{U}^{\text{T}}\boldsymbol{x} \tag{4.3}$$

其中一个图信号 x 先通过图论傅里叶变换变为谱域中的信号 $\tilde{x} = U^T x$，通过一个滤波器 $g_\theta(\Lambda)$，再用图论逆傅里叶变换回到原来的空域。在图傅里叶变换中，U 中的每个特征向量代表一个基底，对应的 Λ 中的特征值代表一个图信号的频率。

为了了解图神经网络的滤波性质，我们先来想一个问题：在图信号中，究竟是什么频率的信号起了更大的作用？我们来看一个简单的实验。为了验证滤波效果，我们给图信号（节点的属性）加上高斯噪声 $\mathcal{N}(0, \sigma^2)$，然后只取 U 中前 k 个基底（对应频率最小的 k 个分量）进行图论傅里叶变换和逆傅里叶变换 $U[:, k]U[:, k]^T x$。注意，这里没有滤波器，所以这个过程只是对图信号的重构。只不过我们去掉了高频的信号，只保留了前 k 个低频部分。在得到重构的图信号之后，我们以它为输入，训练一个两层的多层感知机，在图数据上做节点分类任务。

图 4.2 展示了当保留不同比例低频信号时，多层感知机在图节点分类任务中的表现。可以看出，当我们仅选择大约前 20% 的低频信号时，分类效果是最好的；高频信号的保留反而对分类结果造成了消极的影响，添加的噪声越大，这种趋势就越明显。这说明，图信号中的低频成分或许保留了大部分有用的信息，而高频成分则类似于噪声，需要过滤。从这个角度考虑，一个图卷积网络应该尽量设计成一个低通滤波器，尽量保留图信号中的低频成分。那么，我们熟悉的图卷积网络是否符合这个猜想呢？

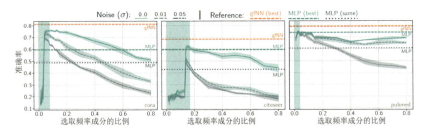

图 4.2　图卷积的低通滤波性质[60]。图中横轴为所选取频率成分的比例（选取频率成分时，频率按从低到高的顺序进行截取），纵轴为图数据上的分类准确率，三条线分别代表图卷积网络在不同噪声下的表现。gfNN 是一个新的图滤波模型（后面会介绍），它先对原始图信号进行低通滤波，再输入到一个多层感知机中进行模型预测。显然，对于图信号重构，在只取一小部分低频信号时结果是最好的；随着高频信号的增加，效果反而变差了

4.1 节讲到，每一层图卷积网络可以拆解为两步，左乘 $\hat{A}$ 的卷积操作和右乘 W 的全连接层。我们可以把卷积这一步看作对图信号的滤波。这样谱域上的图卷积可以被重新写成

$$Y = Ug(\Lambda)U^T XW \tag{4.4}$$

$g(\Lambda)$ 变成了一个没有参数的滤波器，而可学习的参数都被挪到了右边的 W 中。

为了简化分析，假设图论傅里叶变换所用的是正则化后的拉普拉斯矩阵 $L = I - D^{-1/2}AD^{-1/2}$，那么 $D^{-1/2}AD^{-1/2}X = (I-L)X = U(I-\Lambda)U^T X$ 对应的滤波器就是 $g(\Lambda) = I - \Lambda$。在大部分图上（特征值接近 2 属于比较少见的情况）这都是一个低通滤波器。$D^{-1/2}AD^{-1/2}XW$ 实际上是一个没有加自环（Self-loop）的图卷积网络，在加了自环并做相应的正则化后，$\tilde{D}^{-1/2}(A+I)\tilde{D}^{-1/2}XW$ 造成所有的特征值进一步收缩，变得更接近 $0^{[61]}$，也就造成了图卷积网络的低通效果。

4.3.2　图滤波神经网络

既然单层的图卷积网络可以被改写成一个低通滤波器加上一个单层前馈神经网络的形式，那么我们是不是可以进一步应用这个思想，得到一个更一般的图神经网络呢？首先，我们可以将这种思想推广到多层图卷积的情况下，类似于前面提到的图信号重构实验。我们可以先对图信号（节点属性矩阵）进行滤波，再将其输入一个可学习的多层感知机中。低通滤波器的选择可以不必拘泥于图卷积网络，图上的任意低通滤波函数都可以被采用。这样，我们就得到了一个基于图滤波的推广模型，叫作**图滤波神经网络**（Graph Filter Neural Networks, gfNN）：

$$f = f_{\text{mlp}}(f_A(X))$$

其中，f_A 代表一个图上的低通滤波器，而 f_{mlp} 是一个多层感知机。这一模型增进了我们对图卷积网络的理解，也在某种程度上增强了图信号分析与图神经网络的联系，方便了我们根据需要开发新的图卷积模型。

下面来看一个简单的例子。4.1 节讨论了图卷积网络与拉普拉斯平滑的关系，其实拉普拉斯平滑也经常被用于半监督机器学习，它本质上也对应了图信

号分析中常用的一种低通滤波。采用拉普拉斯正则化的半监督学习可以被写为

$$y = \arg\min_{y} \|y - x\|_2^2 + \gamma y^\mathrm{T} L y$$

它的最优解是 $y = (I + \gamma L)^{-1} x$。如果把 x 看成图信号而非标签，则它就对应了一个 $g(\Lambda) = (I + \gamma \Lambda)^{-1}$ 的滤波器。把这个低通滤波器用在图滤波神经网络中，也就是在右边加上多层感知机，它就变成了一个新的图神经网络。如果 $\gamma = 1$，则对它做一阶泰勒近似，就回到了不加自环的图神经网络的滤波器形式 $g(\Lambda) \approx I - \Lambda$。

最后，不得不提的是，并非所有图神经网络都是低通滤波的，如基于小波分析的谱域图神经网络[48]采用的小波滤波器具有的就是带通滤波的性质。因此，笔者的推论是图滤波神经网络其实可以进一步泛化，左边的滤波器并非一定是低通滤波器（但需要保留大部分低频信号），图信号分析领域中很多滤波器都可以通过加上右边的前馈神经网络变成一个特殊的图神经网络。

4.3.3 简化图卷积网络

将图神经网络拆解成一个滤波器和一个多层感知机的好处是可以创造出更加简化的模型，比多层感知机更早提出的简化图卷积网络（Simple Graph Convolution, SGC）[61]就是这种思想下的产物：在多层图卷积网络中，若省略每一层的非线性函数，多层图卷积网络叠加之后的简化模型仍然可以看成由两部分组成，左边是多层图卷积，右边是多个全连接线性层：

$$Z = \hat{A}^m X W_1 * \ldots * W_m = \hat{A}^m X \Theta$$

叠加多层之后的图卷积（$\hat{A}^m X$）仍然起到了低通滤波的作用，而多个全连接线性层可以合并在一起。这个模型的好处是在我们想得到多层图卷积网络时预先计算出 $\hat{A}^m$，而不需要进行中间层的多次迭代，节省了不必要的内存空间并且降低了计算复杂度。实验结果也证明，简化图卷积网络可以得到几乎和图卷积网络一样的效果，丢失中间的非线性层并没有损失模型的精度，而它带来的复杂度的降低则对工业应用特别友好。

值得注意的是，简化图卷积网络是在所有线性层叠加完之后，加上非线性层来预测 $Y = \mathrm{Softmax}(Z) = \mathrm{Softmax}(\hat{A}^m X \Theta)$，这一点和图滤波神经网络有

区别。图滤波神经网络右边的线性层并没有合并，以图卷积网络作为滤波器的两层图滤波神经网络为例，$f = \sigma(\sigma(\hat{A}^2 X W_1) W_2)$，因此，图滤波神经网络在具有简化图卷积网络优势的同时，又增加了一定的模型表达性，效果也稍好。

4.4 小结

本章简单地介绍了图神经网络与其他领域的联系，道出了图卷积网络本质上可以被认为是拉普拉斯平滑，从图信号分析的角度看，它是一个低通滤波器。由此，我们分析了图卷积网络，以及其他图神经网络的最大问题之一：当叠加多层之后信息丢失，也就是过平滑。我们也看到了将滤波与可学习的参数分离，可以设计出新的、更简单的或者更有表达力的图神经网络模型。其实，图神经网络还与其他领域有着紧密的联系，如概率图模型，以及第 3 章讲过的图同构测试，这也更加说明图神经网络的有趣，我们总可以从一些新的角度来理解它，同时做出相应的扩展。第 5 章会详细介绍解决过平滑问题的图神经网络模型，以及其他与图神经网络相关的前沿课题，如可微池化、图采样等技术。

5 图神经网络模型的扩展

随着图神经网络得到越来越多的关注，各种图神经网络模型在节点嵌入和图嵌入的任务上取得了很大的成功。但图学习是一个很宽泛的领域，并非所有图上的任务都可以简单地转化成图嵌入；并非所有图都适合直接套用某个基础的图神经网络。本章介绍基于图神经网络的各种扩展任务和针对复杂场景的扩展模型，包括深层图卷积网络、图的池化、图的无监督学习、图神经网络的大规模学习，以及不规则图的深度学习模型等。

5.1 深层图卷积网络

众所周知，残差网络（ResNet）[62]等深层卷积神经网络的出现，为图像分类等任务带来了效果的巨大提升，这不禁让我们期待深层图卷积网络的效果。然而第 4 章讲到，随着图卷积网络层数的叠加，其表达力反而会丢失，因为过深的图卷积网络会造成过平滑的现象。同时，在标准数据集上的实验结果似乎也可以佐证：在我们常用的 Cora 等图数据集上，如图卷积网络的作者 Kipf 建议的那样，图卷积网络一般两层就够用了，层数再多也不能对结果有很大的提升，反而会增加模型的复杂度。

那么，是不是深层图卷积网络就没有用武之地了呢？当然不是的。我们之所以没有看到深层图卷积网络的优势，一是没有找到好的训练方法，正如深层卷积神经网络也需要采用残差网络或稠密连接网络（DenseNet）的结构消除梯度消失等问题一样，深层图卷积网络也需要一些特殊处理；二是我们常用的标准图数据不够大（除了过平滑的问题，深层图卷积网络在小数据上还面临着过拟合的问题），在更新、更大的图分类公开数据集上，一些深层图卷积网络模型（如 Deep 图卷积网络[63]）取得了非常明显的优势。另外，从信息传播的角度考虑，每一层图卷积网络相当于对一阶邻接节点传播信息，浅层图卷积网络没有办法把信息传播到相隔很远的节点上，因此合理地增加层数有助于图中相隔较远的节点之间的信息传递。

第 4 章已经讲了两个解决过平滑问题的方法，一个方法是在浅层图卷积网络的基础上增加一个随机游走模型，使得信息可以传播到无穷远，然后把这两个模型用协同训练的方式结合；另一个方法是将图卷积网络与个性化 PageRank 联系起来，建立一个包含根节点信息的传播模型。本章介绍怎样在几乎不改变图卷积网络模型的情况下，使深层图卷积网络被更好地训练和应用。

5.1.1 残差连接

一个很自然的想法是：将深层卷积神经网络上的残差连接模块迁移到图卷积网络中。残差连接是深度学习中一个广为人知的概念，它的主要作用是改善深层卷积神经网络训练时的梯度消失、梯度爆炸问题。同时，通过打破神经网络的对称性，提升神经网络的表达力。

假设我们在某一层有一个输入 X，期望的输出为 $H(X)$，一个残差块可以表示为 $H(X) = F(X) + X$，其中 $F(X)$ 被称为残差部分。它的含义是输入信号可以直接从任意一个低层传播到高层，反过来，梯度也可以从这些跨层的残差连接直接传回来，这样底层的梯度不会变得越来越小。在理想情况下，网络训练时会先经过浅层网络（X 的部分）学习，浅层网络不能拟合的部分需要更深层的残差部分 $F(X) = H(X) - X$ 来学习，以保证残差网络至少和浅层网络的性能一样好。对应到图卷积网络中，如 4.2 节讲到的，过平滑的其中一个原因是节点自身的信息在传播过程中丢失。很显然，通过残差连接，节点的信息随着图卷积网络层数的增加，可以在传播的路径上一直保留。下面我们给出使用残差连接的图卷积网络的公式。

假设每一层的节点状态是 H^l，经过一层图卷积网络之后，节点的嵌入是 $Z^{l+1} = \sigma(\hat{A} H^l W^l)$，改成残差模块后，我们把这一层的输出变为

$$H^{l+1} = H^l + Z^{l+1} = \sigma(\hat{A} H^l W^l) + H^l$$

再输入到下一层。图 5.1(a) 为一个两层的残差连接，其中每一个 G-Conv 模块代表原始图卷积网络中的一层，它对应的函数用 F 表示，$F(X)$ 为 X 经过 G-Conv 后的嵌入表示。Kipf 最早在介绍图卷积网络的论文中提出了使用残差连接的方式，他发现残差网络也只能在一定程度上缓解过平滑的问题，随着层数的增加，图卷积网络的性能仍然会降低。

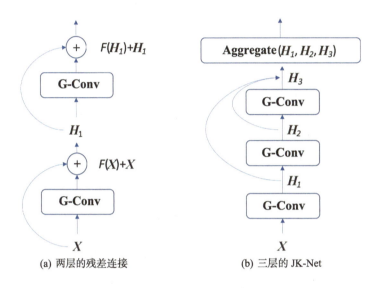

(a) 两层的残差连接　　(b) 三层的 JK-Net

图 5.1　两种深层图卷积网络模型的示意图

Chiang 等人[64] 在介绍 Cluster-GCN 的论文中提出这种残差连接方式不够好是因为没有考虑到图卷积网络层数的影响。简而言之，节点对离得近的邻居的影响力应该更大。于是他们又对模型做了一些改进，给前一层的表示更多的权重：

$$H^{l+1} = \sigma((\hat{A} + I)H^l W^l)$$

在此之上，他们进一步考虑了邻接点的数量，提出了一个新的正则化方法：

$$H^{l+1} = \sigma((\bar{A} + \lambda \operatorname{diag}(\bar{A}))H^l W^l)$$

其中 $\bar{A} = (D + I)^{-1}(A + I)$。

随后，又有一个简单但更有效的改进，不仅对残差部分做了小的改动，而且通过在图卷积网络的参数部分增加恒等映射来获取更好的效果。这个模型叫作 GCNII[65]（Graph Convolutional Networks via Initial residualand Identity mapping，具有初始残差和恒等映射的图卷积网络），它的每层节点状态更新公式为

$$H^{l+1} = \sigma\left(((1-\alpha_l)\hat{A}H^l + \alpha_l H^0)((1-\beta_l)I + \beta_l W^l)\right)$$

5.1.2 JK-Net

JK-Net（Jumping Knowledge Networks，跳跃知识网络）是最早正式提出的深层图卷积网络模型框架。不同于残差连接的方法，它将图卷积网络的每一层输出在最后聚合在一起，作为最终的输出。图 5.1(b) 为一个三层的 JK-Net，Aggregate 函数用来聚合各层输出，可以是拼接、最大池化或者 LSTM。假设每一层图卷积网络的输入为 H^l，输出为 $H^{l+1} = \sigma(\hat{A}H^l W^l)$，则以拼接方式的聚合函数为例，最终 K 层 JK-Net 的输出为

$$H = H^1 \| H^2 \| \cdots \| H^K$$

其中 ‖ 表示矩阵的拼接。由于方法简单有效，JK-Net 处理深层图卷积网络的方式获得了广泛应用。事实上，JK-Net 的拼接方式和卷积神经网络中的 DenseNet 有点接近。也有人用 DenseNet 的稠密连接代替残差连接和 JK-Net，直接用在深层图卷积网络上。稠密连接和 JK-Net 中的拼接稍有不同，它不只是在最后一层拼接所有之前层的输出，而是在每一层都拼接前面所有层的输出。

5.1.3 DropEdge 与 PairNorm

既然残差连接、稠密连接这些深层卷积神经网络上的法宝都被拿来用在了图卷积网络上，说不定 dropout、BatchNorm 这些工具也都可以迁移到图卷积网络上。DropEdge[58] 就是 dropout 在图神经网络上的扩展。我们知道，在训练过程中，dropout 会随机删除一些输入数据的特征，而 DropEdge 则随机删除邻接矩阵中的一些边。假设图的邻接矩阵 A 有 N 条边，我们随机选取 Np 条边进行删除（p 是一个预设的概率值），然后用剩余的邻接矩阵代替原来的 A 输入图卷积网络进行训练（当图卷积网络有多层时，每层删除的边可以不一样）。

有没有类似 BatchNorm 的方法呢？很巧，与 DropEdge 同一时间发表的 Pair-

Norm[66] 就是这样一种方法。假设每层图卷积网络的输出为 $\tilde{X} = \text{GCN}(A, X)$，则 PairNorm 的目的是使这些输出正则化后的 $\dot{X}$ 可以保持总的相互距离不变。正则化的步骤分为两步，第一步是中心化：

$$\tilde{x}_i^c = \tilde{x}_i - \frac{1}{n}\sum_{i=1}^n \tilde{x}_i$$

第二步是重新拉伸：

$$\dot{x}_i = s\frac{\tilde{x}_i^c}{\sqrt{\frac{1}{n}\sum_{i=1}^n \|\tilde{x}_i^c\|_2^2}}$$

拉伸后最终的输出仍然是中心化的：$\sum_{i=1}^n \|\dot{x}_i\|_2^2 = 0$。

最后要补充的是，让图卷积网络变深的效果也可以通过一些替代方法实现，例如让图卷积网络变得更"高阶"。让图卷积网络变深的其中一个动机是使信息可以传得更远，也就是每个节点的信息可以影响到离得更远的邻居。因此，也有不少研究者采用浅层的替代方法，也就是在单层图神经网络中考虑更高阶的邻居，如有将高阶 Weisfeiler-Lehman 测试用在图神经网络中的 k-GNNs[67]，解决不同距离的邻居混合问题时的 Delta 操作的 MixHop[68]，用图扩散来增强图神经网络的图扩散卷积（Graph Diffusion Convolution，GDC[69]），这类高阶神经网络通常也可以获得更好的表达力及更好的分类效果。

5.2 图的池化

池化（Pooling）是一个在传统卷积神经网络里常用的概念，简而言之，池化的作用就是某种形式的降采样（Subsample）。池化层通常接在卷积层后面，用来保留显著特征，降低特征维度，减少网络的参数数量，而这也在一定程度上控制了过拟合。换言之，池化为深度学习的对象提供了一种层次化表达的方法。例如，在图像卷积中，常用的是平均化和最大化的池化，每一层池化作用在一个局域的接受野，只输出一个单独的平均值或最大值，这样在池化后就会得到图像的更粗粒度的模糊表示。

在前面的章节中我们介绍了如何用图神经网络得到节点的嵌入表示，现在我们考虑怎么从节点的嵌入得到整个图的嵌入。很自然地，我们可以想到对所有节点做平均池化或最大池化，但这样操作会损失图的层级结构信息。在真实的图数据中，图的结构通常是具有层级的。例如在社交网络中，相近的用户可以组成社区或朋友圈；在引用网络中，相似的论文可以形成一个小的主题簇。那么，我们可不可以把图像中卷积网络的池化方式推广到图上？答案是肯定的。

5.2.1 聚类与池化

让我们先思考一下，在没有任何图神经网络知识储备的情况下，我们会怎么解决图上的池化问题？一个最简单的想法是模拟图像中的池化层。先定义一个个邻域，然后只需要在每个邻域中做最大化或平均化取值。那么问题来了，在图结构中如何定义邻域？

我们可以把每个点和它的邻接点集合当成一个池化邻域吗？从形式上讲当然是可以的。但是，这样并没有使图变小或减少参数量，也就是脱离了池化本身的目标。所以怎么做才合理呢？读者也许已经想到了，那就是对图进行分块/分层。

早在图神经网络发展之初，研究者就已经考虑到了图的池化问题。直观地讲，合理的分块要求相似的邻接点被分到一起，也就是聚类。例如，参考文献 [9] 就采用了谱聚类[70] 的方法，这样就可以将每一个类别作为一个池化的邻域。如果要进行多层的池化，就相当于多粒度的图聚类。

在多层池化时，每一层池化后，我们都得到了一个相对原图来说更粗粒度的压缩图，称为粗图（Coarse Graph），得到粗图的过程称为"粗化"（Graph Coarsening）。图的"粗化"是一个在传统图分析领域经常用到的概念，在图神经网络的研究中也常常被称作"池化"。虽然谱聚类是一个很好的图聚类方法，但是在涉及多粒度、多层的图聚类时依然不够高效，因此在大图和多层池化的场景下，我们可能需要选择更高效的图池化方法。切比雪夫网络 [10] 就利用了 Graclus 多层聚类算法 [71] 的粗化阶段来实现图的快速池化。

Graclus 也是通过最小化谱聚类的目标（如归一化切割）得到每一层的粗图的，它是一个贪心算法，因此具有很高的效率。具体到切比雪夫网络，在每一层粗化过程中，每次选取一个没有标记的节点 i 和它的一个未标记节点邻居 j 来最大化归一化切割 $W_{ij}(1/d_i + 1/d_j)$（其中 W_{ij} 是边的权重，d_i 和 d_j 是节点的度）。然后这两个节点被标记，并合并成一个粗化节点。重复这样的选取过程，直到所有的节点都被探索过。这样，每一层可以得到一个近似于原来节点数 1/2 的新图，但并非所有的点都能找到对应的、一起粗化的邻居，所以存在一些没有粗化的单节点。另外，考虑到那些粗化的节点并没有一个有意义的排序，如果直接进行池化，就需要一个额外的表来存取这些节点信息，造成了内存的浪费和低效，也影响平行计算的实现，而切比雪夫网络稍微做了改进，它利用 Graclus 的机制先把粗化过程做成一个二叉树，然后通过对最终的粗图进行节点排序并进行倒推，得到原图的节点排序，从而实现了一个类似普通卷积网络中的一维池化操作。

图 5.2 展示了切比雪夫网络的池化过程。从图 5.2(a) 中最左边的 $\mathcal{G}_0$ 粗化两次到 $\mathcal{G}_2$，暗红色标注的边连接的两个节点代表被合并，如 $\mathcal{G}_0$ 中的 0 和 1 合并为 $\mathcal{G}_1$ 中的 1；红色节点代表落单的节点，如 $\mathcal{G}_0$ 中的 6 和一个假节点 7 合并为下一层粗图 $\mathcal{G}_1$ 中的节点 3。在得到粗图之后，重新确定节点的排序，在最终的粗图 $\mathcal{G}_2$ 中任意排序粗节点，然后反推原图中的节点序号：粗图中的节点 k 由原图中的节点 $2k$ 和 $2k+1$ 得来。这样可以得到图 5.2(b) 中右半边的一维池化表示，反过来看，其实这就是粗化的节点二叉树。

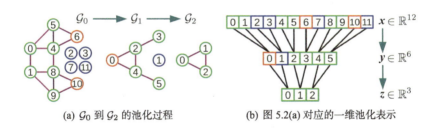

(a) $\mathcal{G}_0$ 到 $\mathcal{G}_2$ 的池化过程 (b) 图 5.2(a) 对应的一维池化表示

图 5.2 切比雪夫网络的池化过程。引自参考文献 [10]

5.2.2 可学习的池化：DiffPool

图的粗化或池化通常作为预处理来帮助图神经网络得到图的最终表示，但是在深度学习时代，我们总是更倾向于实现端到端的系统，这样可以在很大程度上提升系统的可用性。本节介绍如何把粗化和池化的计算集成到图神经网络里。不同于 5.2.1 节中作为预处理的图聚类，我们希望图的粗化、池化可以自动在图神经网络中被学习。

图的粗化有很多方法，除了之前讲到的谱聚类和 Graclus，常用的方法还有代数多重网格（Algebraic Multigrid, AMG）。代数多重网络属于解线性系统

$Ax = b$ 的多重网格方法。假设 A 是一个对称矩阵 $A \in \mathbb{R}^{n \times n}$，一个最简单的代数多重网格算法可以通过如下步骤得到：

（1）用一个快速近似算法得到一个近似解 x'，并假设残差为 $r = b - Ax'$。

（2）找到一个矩阵 $S \in \mathbb{R}^{n \times m}$，计算 $S^{\mathrm{T}}ASy = S^{\mathrm{T}}r$ 的解 y。

（3）得到一个更好的近似解 $x = x' + Sy$。

（4）重复上述步骤直到残差足够小。

观察第二步，$S^{\mathrm{T}}AS$ 将线性系统从 n 维降到 m 维，实际上就是对图做了粗化（称为 Galerkin 粗化算子）。回到图数据中，对于一个邻接矩阵 A，它的粗化表示为

$$A_{\mathrm{c}} = S^{\mathrm{T}}AS$$

对应地，图信号 X 池化为

$$X_{\mathrm{c}} = S^{\mathrm{T}}X$$

图 5.3 给出了一个例子，方便读者理解代数多重网格的粗化。

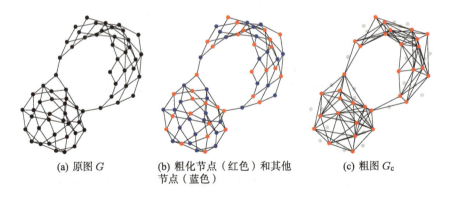

(a) 原图 G　　(b) 粗化节点（红色）和其他节点（蓝色）　　(c) 粗图 G_{c}

图 5.3　图的代数多重网格粗化示意图

DiffPool [72] 是一个基于代数多重网格的池化方法。不同于传统的代数多重网络，DiffPool 中的 S 可以根据上层的图信息参数化，这样我们就得到了一个端到端可学习的池化图网络。在每一层 l 中，我们定义两个不同的图神经网络层，一个图神经网络用来嵌入，另一个图神经网络用来学习粗化矩阵 S。

$$Z^l = \text{GNN}_{l,\text{embed}}(A^l, X^l)$$
$$S^l = \text{Softmax}(\text{GNN}_{l,\text{pool}}(A^l, X^l))$$

然后用类似代数多重网格的方法，得到下一层的邻接矩阵 A^{l+1} 和节点特征 X^{l+1}。这样，我们就实现了图的层次化表达。值得一提的是，在之前的池化方法中（如基于聚类的方法），大多只考虑图结构本身而忽略了节点的属性信息，而 DiffPool 中的粗化矩阵 S^l 是基于图神经网络的，因此既包含了图结构的信息，也包含了节点属性信息。实验证实，DiffPool 可以很好地学习到图的层次信息，并且在图分类问题上有着很好的表现。

5.2.3 Top-k 池化和 SAGPool

虽然 DiffPool 取得了很好的效果，但它有一个明显的缺点：即使图本身是一个稀疏图，得到的 S^l 仍然是一个稠密矩阵，这样粗化后的图也会变得稠密，因此在要处理的图很大的时候，消耗的内存和计算时间都是不可接受的。接下来，我们介绍一个更简洁的池化方法——Top-k 池化，它直接选取 k 个最重要的节点作为粗化节点，在图中只保留这些粗化节点之间的连接，因此粗化后的图是原图的一个子图。

Top-k 池化在 Graph U-Net 中被提出，图 5.4 所示为 Top-k 池化示意图。对于一个有 4 个节点的图，其中节点属性特征 $X^l \in \mathbb{R}^{4 \times 5}$，邻接矩阵 $A^l \in \mathbb{R}^{4 \times 4}$，输出一个只有 2 个节点的子图（包含节点 $X^{l+1} \in \mathbb{R}^{2 \times 5}$ 和邻接矩阵 $A^{l+1} \in \mathbb{R}^{2 \times 2}$）作为粗化的结果。其中 p 是一个可学习的向量参数，$\odot$ 表示矩阵的元素乘。假设我们在第 l 层将图粗化到一个只有 k 个节点的粗图上，则 **Top-k 池化的过程** 如下：

$$y = X^l p^l / \|p^l\|,$$
$$\text{idx} = \text{rank}(y, k),$$
$$\tilde{y} = \text{sigmoid}(y_{\text{idx}}),$$
$$\tilde{X}^l = X_{\text{idx},:},$$
$$A^{l+1} = A^l_{\text{idx},\text{idx}},$$
$$X^{l+1} = \tilde{X}^l \odot (\tilde{y} \mathbf{1}^\text{T})$$

其中，X^l 为上一层的节点属性矩阵，A^l 为上一层的邻接矩阵，$\mathbf{1}$ 表示全 1 向量。我们先定义一个可学习的向量参数 p^l，把节点的属性矩阵映射到一个向量 y 上，y 的每一个元素代表每个节点的重要性。通过对 y 进行排序，我们选取前 k 个最重要的节点，它们的序号集合为 idx。然后，我们通过这些序号选取一个包含最重要信息的子图，这个子图包含最重要的 k 个节点 $\tilde{X}^l$，以及它们之间所有的连接 A^{l+1}，而其他的节点和边都被删除了。最后，我们根据节点的重要性 y 对节点的属性赋予不同的权重，得到一个最终的输出 X^{l+1}。

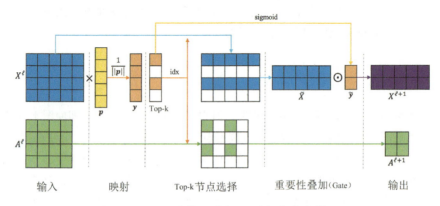

图 5.4　Top-k 池化示意图。引自参考文献 [73]

在 Top-k 池化中，我们用节点的属性 X^l 和一个参数 p^l 得到节点的重要性，没有考虑图的结构信息。**SAGPool** [74] 对 Top-k 池化进行了改进，把节点的重要性向量阐释为一个自注意力机制，而自注意力的分数则通过一层图卷积网络来计算，即 $y = \sigma(\hat{A}^l X^l \Theta_{att})$，这样节点的重要性就和图的拓扑结构更加相关了。SAGPool 还能做其他的变形，主要是自注意力的分数可以进行一些改变，但并不影响它整体的框架，本节就不赘述了。

Top-k 池化只保留了原图的一部分节点和边，因此注定比原图更稀疏，这就解决了 DiffPool 的复杂度问题。由于 Top-k 池化直接删掉了很多节点和边，理论上会损失很多信息；而 DiffPool 或其他代数多重网络的方法则是将所有的节点映射到新的粗化节点上，因此这些节点的信息在某种程度上保存在了粗化图中。然而，在实际的图分类实验中，我们发现这两种方法的差距并不是很大，这说明在大多数情况下，图中用来分类的信息本身就是冗余的，Top-k 池化选择的重要信息也足以帮助我们做出很好的分类。

5.3 图的无监督学习

在数据爆炸的时代,大部分数据都是没有标签的。为了将它们应用到深度学习模型上,需要大量的人力来标注数据,例如我们熟知的人脸识别项目,如果想取得更好的识别效果,则一定需要大量人工标注的人脸数据。因此,研究如何利用大量的无标签数据帮助机器学习得到了越来越多的关注。回想第 4 章介绍的图神经网络可以发现,几乎所有的模型(无论是监督学习还是半监督学习)都需要有标签,可以是节点上的标签,也可以是图上的标签。那么,我们怎么将图神经网络扩展到无监督学习呢?

5.3.1 图的自编码器

自编码器(Auto-encoders)是实现神经网络无监督学习的一种重要方式。一般来说,自编码器由一个编码器(Encoder)和一个解码器(Decoder)构成。图 5.5 展示了一个图自编码器(Graph Auto-Encoder,GAE)的框架。我们先通过一个图神经网络,将输入的图结构信息编码到一个隐藏变量 Z:

$$Z = \text{GNN}(X, A)$$

然后对得到的隐藏变量 $Z \in \mathbb{R}^{n \times m}$ 解码,重构原来的图:

$$\hat{A} = \text{sigmoid}(ZZ^\mathrm{T})$$

最后,比较 $\hat{A}$ 与原来的 A,得到重构损失函数(如交叉熵)。

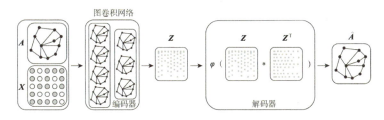

图 5.5 图自编码器框架[75]

我们可以把以上自编码器结构扩展到变分自编码器上,以获得一个更具解释性的概率框架[75],也就是图变分自编码器(Graph Variational Auto-Encoders,

GVAE）。在图变分自编码器中，假设要重构一个图结构，则目标是最大化以下概率：

$$\log p(\boldsymbol{A}) = \log \int p(\boldsymbol{A}|\boldsymbol{Z})p(\boldsymbol{Z})\mathrm{d}\boldsymbol{Z} \tag{5.1}$$

$$\geq \mathbb{E}_{q(\boldsymbol{Z}|\boldsymbol{A},\boldsymbol{X})}[\log p(\boldsymbol{A}|\boldsymbol{Z})] - \mathrm{KL}[q(\boldsymbol{Z}|\boldsymbol{A},\boldsymbol{X})\|p(\boldsymbol{Z})] = L_{\mathrm{ELBO}} \tag{5.2}$$

我们用后验概率 $q(\boldsymbol{Z}|\boldsymbol{A},\boldsymbol{X})$ 来近似 $p(\boldsymbol{Z}|\boldsymbol{A},\boldsymbol{X})$，并得到如式 (5.2) 所示的下界 L_{ELBO}，然后只需要最大化这个下界作为目标函数。L_{ELBO} 包含两部分，第一部分 $\mathbb{E}_{q(\boldsymbol{Z}|\boldsymbol{A},\boldsymbol{X})}[\log p(\boldsymbol{A}|\boldsymbol{Z})]$ 可以认为是重构误差，第二部分 KL 散度 $\mathrm{KL}[q(\boldsymbol{Z}|\boldsymbol{A},\boldsymbol{X})\|p(\boldsymbol{Z})]$ 则可以认为是一个正则化项。

变分自编码器（Variational Auto-Encoder，VAE）的思想是用神经网络来参数化后验概率，然后通过蒙特卡洛采样的方法得到以上目标函数的近似解。回到 GVAE 的例子，可以认为 $q(\boldsymbol{Z}|\boldsymbol{A},\boldsymbol{X})$ 是一个编码器，用来得到隐变量的分布；而 $p(\boldsymbol{A}|\boldsymbol{Z})$ 是一个解码器，用来重构图结构 $\boldsymbol{A}$。

我们可以用图卷积网络来参数化 $q(\boldsymbol{Z}|\boldsymbol{A},\boldsymbol{X})$：

$$q(\boldsymbol{Z}|\boldsymbol{A},\boldsymbol{X}) = \prod_{i=1}^{n} q(\boldsymbol{z}_i|\boldsymbol{X},\boldsymbol{A})$$

其中

$$q(\boldsymbol{z}_i|\boldsymbol{X},\boldsymbol{A}) = N(\boldsymbol{\mu}_i, \mathrm{diag}(\boldsymbol{\sigma}_i^2))$$

N 为高斯分布，它的参数 $\boldsymbol{\mu} = \mathrm{GNN}_{\boldsymbol{\mu}}(\boldsymbol{X},\boldsymbol{A})$ 和 $\boldsymbol{\sigma}_i^2 = \exp(\mathrm{GNN}_{\boldsymbol{\sigma}}(\boldsymbol{X},\boldsymbol{A}))$ 均由两层图卷积网络得到。

而解码器相对于非变分的解码器并无变化，仍然由 $\boldsymbol{Z}\boldsymbol{Z}^{\mathrm{T}}$ 得到

$$p(\boldsymbol{A}|\boldsymbol{Z}) = \prod_{i=1}^{n}\prod_{j=1}^{n} p(A_{ij}|\boldsymbol{z}_i,\boldsymbol{z}_j) \prod_{i=1}^{n}\prod_{j=1}^{n} \mathrm{sigmoid}(\boldsymbol{z}_i^{\mathrm{T}}\boldsymbol{z}_j)$$

可以看出，图自编码器和图变分自编码器在解码的过程中都是在重构邻接矩阵 $\boldsymbol{A}$，因此，除了可以学习到节点的中间表示 $\boldsymbol{Z}$，它们还很适合链路预测的任务，最终得到的 $p(\boldsymbol{A}|\boldsymbol{Z})$ 可以用来预测 $\boldsymbol{A}$ 中任意未知元素的概率。读到这里

读者或许会有疑问：为什么在编码器里同时用了 A 和 X，在解码器里只解码了 A 呢？

事实上，除了保持 X 不变来解码 A 的方案，还可以给定 A 来解码 X，参考文献 [33] 中的多视角图自编码器就是这样一个例子。如图 5.6 所示，对每一个输入的图进行图卷积网络编码，解码时通过注意力机制把多个图整合成一个邻接矩阵进行解码，重构损失函数通过比较输入的节点属性和重构图的节点属性得到。另外，在介绍池化时讲到的 **Graph U-Net（如图 5.7 所示），则通过池化来编码，通过反池化（Unpool）来解码的对称结构**，也可以认为是一种图上的自编码器。

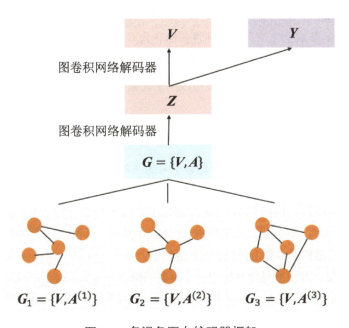

图 5.6　多视角图自编码器框架

因此，针对不同的问题，我们可能需要不同的图编码器和解码器，甚至在很多情况下，GVAE 的简单框架并不能满足我们的需求，尤其是在需要生成整个图的任务中。图的生成模型在药物发现领域有着重要的作用，我们会在第 8 章结合应用详细讲解。

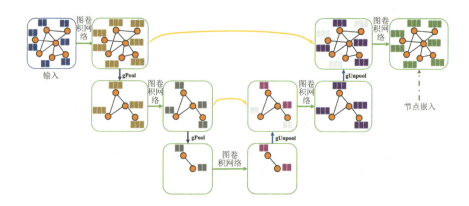

图 5.7 Graph U-Net 的整体框架[73]。编码部分采用图卷积网络和 Top-k 池化，并记住池化过程中的序号 idx，而在解码部分则利用 idx 对称的进行反池化 $X^{l+1} = \text{distribute}(\mathbf{0}_{N \times C}, X^l, \text{idx})$，把粗化节点的属性传播到其他被删除的节点上（这些节点属性初始化为 0）。Graph U-Net 本身并没有直接用于无监督学习，而是直接用最后一层解码出的节点特征作为节点嵌入进行下游的分类任务，但是它本质上的确是一个自编码器的结构，因此定义合适的损失函数后是可以用于无监督学习的

5.3.2 最大互信息

除了图自编码器，另一种非监督学习的图神经网络方法是利用互信息的最大化。图自编码器虽然取得了不错的效果，但是重构误差小其实并不一定说明学习出来的特征好。Hjelm 等人在 Deep InfoMax（DIM，深度最大互信息算法）的论文[76]中认为，好特征应该能提取出样本的最独特的信息。那如何衡量学习出来的信息是该样本独有的呢？于是他们引入了"互信息"（Mutual Information，MI）来衡量。互信息是信息论中一个重要的概念，它表示一个随机变量包含另一个随机变量的信息量。如果我们能构造一个编码器来最大化学到的嵌入和另一个变量的互信息，就保留了节点最重要的特征。

可是问题并不简单：我们怎么计算互信息，怎么选取另一个变量呢？

首先，我们来看互信息的表达式，对于两个变量 X 与 Y，它们的互信息为

$$I(X,Y) = \int_Y \int_X p(x,y) \log \frac{p(x,y)}{p(x)p(y)} dxdy = \text{KL}[p(x,y) \| p(x)p(y)]$$

这并不是一个容易计算的量。幸运的是，近期，有一些可扩展性很好的互信息

近似方法被提出，如 Belghazi 等人提出的 MINE 模型[77]（Mutual Information Neural Estimation，互信息的神经估计），通过训练一个网络区分来自两个变量联合分布的采样和来自边际分布的采样。

那么，怎么选取变量呢？DIM 模型在 MINE 模型的基础上更进一步，它可以**最大化一个全局表示和局部表示之间的互信息来训练编码器**。有了 DIM 模型之后，我们可以把这个方法移植到图神经网络中，这就是 **DGI**（Deep Graph Infomax，深度图互信息最大化）[18] 的由来。

图 5.8 展示了 DGI 的框架。DGI 把 DIM 的方法引入图神经网络，下面我们详细介绍它怎么无监督地学习图表示。

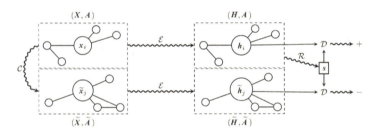

图 5.8　DGI 的框架。引自参考文献 [18]

（1）负采样得到另一个图 $(\tilde{X}, \tilde{A}) \sim C(X, A)$。如果是单图采样，则可以保持 A 不变，随机改变节点特征 X 的顺序。如果是多图采样，则可以将另一个图作为负样本。

（2）得到输入图（正样本）的局部节点的嵌入表示 $h = \text{GNN}(X, A)$。

（3）得到负样本的局部节点表示 $\tilde{h} = \text{GNN}(\tilde{X}, \tilde{A})$。

（4）通过一个读取函数得到正样本的全局表示 $s = \text{READOUT}(h)$。

（5）设计一个判别器 $\mathcal{D}(h_i, s) = \sigma(h_i^T W s)$，为样本的局部表示和全局表示形成的二元组 (h_i, s) 打分。互信息最大化等价于优化以下目标函数：

$$L = \frac{1}{N+M} \left(\sum_{i=1}^{N} \mathbb{E}_{(X,A)}[\log \mathcal{D}(h_i, s)] + \sum_{i=1}^{M} \mathbb{E}_{\tilde{X},\tilde{A}}[1 - \log(1 - \mathcal{D}(\tilde{h}_j, s))] \right)$$

其中 N 为正样本的数量，M 为负样本的数量，$\mathbb{E}$ 为期望函数。虽然是非监督的图表示学习，但 DGI 仍然取得了与其他监督学习相当的效果。而互信息最大化也为图表示学习带来了一个新的窗口，它被用在很多后续的任务中，如图神经网络的可解释性[78]和无监督图分类[79]。

5.3.3 其他

除了图自编码器及最大互信息的方式，图的无监督学习还有其他的替代方案。广为人知的是 GraphSAGE 中所采用的无监督训练方式。GraphSAGE 模仿浅层的网络嵌入方法，通过最大化邻接节点对 u,v 共现的概率定义一个无监督的损失函数 $L(z_u) = -\log(\sigma(z_u^T z_v)) - Q\mathbb{E}_{v_n \sim P_n(v)} \log(\sigma(z_u^T z_{v_n}))$（其中 z_u 为 u 的嵌入表示，v 是 u 的邻接节点，v_n 是 Q 个负采样的不相邻节点），第 6 章讲网络嵌入时会更详细地介绍这种方法，有时这种利用上下文信息的训练方式也被归为自监督学习。随着无标签图数据和图神经网络应用的增多，更多无监督的图表示学习方法正在被探索。例如，Ma 和 Chen 提出的 OTCoarsen[80]，通过最小化原图与粗化后的图的最优传输距离来训练；Wang 等人提出了一个直推式无监督模型 SEED[81]，在原图中采样很多子图来分别自编码，最后用这些子图的表示作为原图的嵌入分布。

5.3.4 图神经网络的预训练

与无监督训练强相关的领域是自监督学习和预训练。熟悉自然语言处理的读者应该知道，预训练模型 BERT、GPT 等曾在这个领域掀起巨浪，而计算机视觉领域中的预训练甚至普及得更早，通过在 ImageNet 上预训练底层模型，可以极大地提升图像分类和目标检测任务的准确率。预训练最大的优势是通过输入巨量的数据，使预训练好的模型只需通过微调就能迁移到不同的数据上，并在不同的目标任务上得到巨大的效果提升。由于大量的数据经常是没有人工标注的，预训练常利用无监督学习或自监督学习的方式进行。当然，预训练可以是多任务并行的，因此在有标签时也可以同时加入有监督的任务训练。那么，在图中怎么进行图神经网络的预训练呢？我们前面讲到的通过 GraphSAGE 预测邻接节点共现的概率或者 DGI 中最大化互信息等策略都是可以用的，Hu 等人还进一步详尽地探讨了更多在图数据上进行图神经网络预训练的策略[82]。

这些策略可以被分为节点级别的和图级别的。在节点级别上，主要有两个自监督的任务（如图 5.9 所示），一个是上下文（周围节点）预测，一个是属性遮蔽（预测遮蔽的节点属性或边）。图 5.9(a) 展示了上下文预测任务中，一个中心节点的邻接域（其中 $K=2$）和上下文子图（$r_1=1, r_2=4$）；图 5.9(b) 为属性遮蔽任务，图中随机遮蔽了节点或边的属性，然后用图神经网络得到的嵌入表示来预测它们。

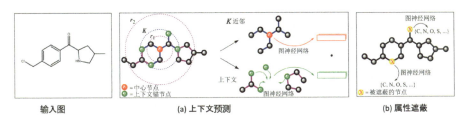

图 5.9　图神经网络在节点层面的预训练分为两个任务，一个是上下文预测，一个是属性遮蔽。引自参考文献 [82]

1. **节点级别的任务：上下文预测**

类似于图中的无监督训练方式，但是这里要预测的不是与周围节点的共现，而是一个周围的子图，我们称为上下文图。这个任务的目的是希望具有相似上下文结构的节点也能被映射到相近的嵌入表示。

- 对于任意节点 v，我们先采用一个要训练的主图神经网络得到这个节点的嵌入 $\boldsymbol{h}_v$。由于要训练的图可能很大，如果图神经网络有 K 层，则我们只需要抽取节点 v 周围距离小于等于 K 的邻接节点进行编码。因此，节点的表示 $\boldsymbol{h}_v$ 也代表了它的邻接域的表示。

- 找到这个节点周围的上下文图，上下文图指的是到中心节点的距离大于等于 r_1、小于等于 r_2 的所有点构成的子图，r_1 被限制小于 K，所以上下文图可以和节点的邻接域有部分重合，重合的这些节点被称为上下文锚节点。找到上下文图之后，我们定义一个额外的辅助图神经网络，对上下文图进行编码，然后对所有上下文锚节点的嵌入求平均，作为一个节点上下文的向量表示，图 G 中节点 v 的上下文向量记为 $\boldsymbol{c}_v^G$。

- 训练的目标是判断一个邻接域和一个上下文图是否属于同一个节点。具体来说，选取两个节点 v 和 v'，如果 $v = v'$ 是同一个节点，那么以下 sigmoid 函数的值将接近 1；如果它们不是同一个节点（v' 通过在随机选取的图 G' 上随机负采样得到），那么以下 sigmoid 函数的值接近 0：

$$\sigma(\boldsymbol{h}_v^{\mathrm{T}} \boldsymbol{c}_{v'}^{G'}) \approx \begin{cases} 1 & \text{如果 } v = v' \\ 0 & \text{如果 } v \neq v' \end{cases}$$

2. 节点级别的任务：属性遮蔽

属性遮蔽任务相对比较简单。我们先随机遮蔽节点中的一些属性（如在分子图中遮蔽节点的类型信息），然后通过图神经网络学习这个节点的嵌入，再通过一个简单的预测层预测那些被遮蔽的属性。如果遮蔽的是边的属性，则边的嵌入可以通过与边相连的两个节点的嵌入的和得到。属性遮蔽任务主要对那些具有丰富属性标签的图非常有效，如分子图、蛋白质交互图等。

3. 图级别的任务：属性预测和相似度预测

对于大规模的图预训练，只有节点级别的任务是不够的，因为有不少下游任务是与整个图的表示相关的。为了得到更稳定的图嵌入表示，图级别的任务对于预训练来说是一个重要的辅助。在很多科学用图数据上，我们其实是有图的各种属性标注的，如分子的化学性质等。因此，我们可以用图神经网络在这些有标签的图数据上进行预测，并作为预训练的任务。另一个可做的图级别的任务是比较两个图的相似度，如可以预测图之间的编辑距离等。

整个预训练的过程是这样的：先在节点级别做两个自监督的预训练任务，然后到图级别做有监督的训练。在得到经过预训练的图神经网络模型后，当我们拿到一个新的目标任务时，只需要在这个预训练模型上进行微调。例如，对于图分类任务，我们只需要在得到的图级别的表示上新建一层线性分类器就可以了。实验证明，这些预训练的策略非常有效，在大部分数据上都超过了原来的那些无监督或有监督的训练模型。

5.4 图神经网络的大规模学习

虽然有着精巧的设计和在标准数据集上远超传统方法的效果，一把悬在图神经网络应用者头上的达摩克里斯之剑是它的训练效率和可扩展性。以图卷积网络为例，在每一层卷积中，我们需要用到两个输入 $\boldsymbol{A} \in \mathbb{R}^{n \times n}$ 和 $\boldsymbol{X} \in \mathbb{R}^{n \times d}$。很容易想象，当输入的图数据很大时（$n$ 很大），图卷积网络的计算量是很大的，所需要的内存也是很大的。推广到更一般的信息传递网络，在每一层中，需要将信息从中心点传给周围所有的邻居。经过很多层之后，这个信息到达的节点数会呈指数发展，这个现象被称为"邻居爆炸"（Neighbor Explosion）（如图 5.10(a) 所示）。因此，当图很大或很稠密时，图神经网络的训练很容易出现内存爆炸或者训练缓慢的现象，这极大地限制了图神经网络的大规模应用，因为工业界需要的图数据大部分都是很大的。

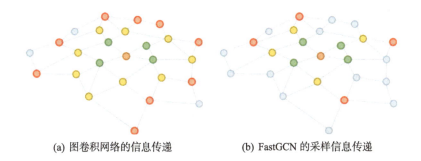

(a) 图卷积网络的信息传递　　　　(b) FastGCN 的采样信息传递

图 5.10　图卷积网络的信息传递爆炸问题。可以看出，在经历了几层信息传递之后，图卷积网络中心节点的信息迅速填满了它的邻接子图，而经过采样的 FastGCN 则极大地减少了信息传递覆盖节点的数量

那么，我们是否必须在每一层图神经网络的信息传递里都用到所有的邻接点呢？有没有近似的方法可以减少计算量和内存需求呢？一个可行的解决方案就是邻接点采样。

5.4.1　点采样

Hamilton 等人用 GraphSAGE [15] 模型做了一个探索性的尝试。我们在第 3 章已经讲过这个模型，它在每一次信息传递的过程中，对每个中心节点随机采样固定数量的邻居节点进行信息聚合。这个措施使得 GraphSAGE 的复杂度可以维持在一个固定的开销，与其他消息传递网络相比，更容易扩展到大规模的图上。PinSAGE[39] 基于 GraphSAGE 做了微小的改进，在采样的时候加入了邻居节点重要性的考虑，通过随机游走，被访问越多次的节点，被采样的概率就越大。VR-GCN[83] 进一步缩减了邻接点采样的数量，它保存了节点激活的历史记录，并用控制变量法使邻居采样的数量可以减少到 2。

5.4.2 层采样

GraphSAGE 这种对每个节点采样多层邻居的方式，在图卷积网络层数增多时仍然可能遭遇 "邻居爆炸" 的问题，因为每个节点、每层都采样了固定数量的点。不同于 GraphSAGE 的节点采样，Chen 等人 [84] 则提出了一种新的**层采样方法 FastGCN**。

首先，我们介绍为什么采样是可行的。回到图卷积网络的公式：

$$H^{l+1} = \sigma(\hat{A}H^l W^l)$$

我们把它写成信息传递的形式：

$$h_i^{l+1} = \sigma(\tilde{h}_i) = \sigma\bigg(\sum_{j \in \mathcal{N}(i)} \hat{A}_{ij} h_j^l W^l \bigg)$$

为了简洁，我们先忽略非线性的部分，并且不失一般性地将这个离散形式改写成概率积分的形式：

$$\tilde{h}^{l+1}(v) = n \int \hat{A}(v,u) h^l(u) W^l \mathrm{d}P(u)$$

把 u 看成一个随机变量，而 $P(u)$ 为它的分布概率。n 为图中的节点数，$\hat{A}(v,u)$ 表示矩阵 $\hat{A}$ 中对应节点 v 和 u 的值。

假设图卷积网络中的每一层相互独立，并且每个节点是独立同分布的，采用蒙特卡罗采样法，则可以采样 t_l 个独立同分布的样本节点 $u_1^{(l)}, \cdots, u_{t_l}^{(l)} \sim P$ 来近似这个积分，这样每层节点的更新最终近似为

$$\tilde{h}_{t_{l+1}}^{(l+1)}(v) := \frac{n}{t_l} \sum_{j=1}^{t_l} \hat{A}(v, u_j^{(l)}) h_{t_l}^{(l)}(u_j^{(l)}) W^{(l)}, \quad h_{t_{l+1}}^{(l+1)}(v) := \sigma(\tilde{h}_{t_{l+1}}^{(l+1)}(v)),$$

$$l = 0, \cdots, M-1$$

在实际应用中，我们把图中的节点分批，对每一批内的节点，采样同样的邻居，这样可以将它重新写回矩阵形式：

$$\boldsymbol{H}^{(l+1)}(v,:) = \sigma\left(\frac{n}{t_l}\sum_{j=1}^{t_l}\hat{\boldsymbol{A}}(v,u_j^{(l)})\boldsymbol{H}^{(l)}(u_j^{(l)},:)\boldsymbol{W}^{(l)}\right), \quad l=0,\cdots,M-1.$$
(5.3)

需要注意的是，FastGCN 的采样不是对单一点进行的，而是在整个 batch 内，或者对整个层采样同样的邻居节点（如图 5.11 所示），这样随着图卷积网络层数的增加，采样点的数量只是线性增加的，这就进一步减少了采样所需的邻接点数量（如图 5.10(b) 所示）。

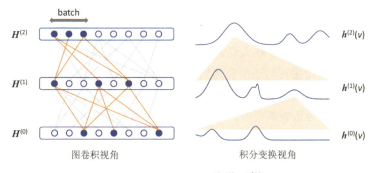

图 5.11　FastGCN 的批采样

随后，我们可以对采样加上权重，来减少采样方差，提高效率。很容易想到，在一个图中，每个节点的重要性是不一样的。直观地讲，如果一个节点的度很大，即它连着很多节点，那么它的重要性和对其他节点的影响力可能会更大（以社交网络为例，一个有着众多社交连接的大 V 节点显然是更具影响力的）。因此，重新设计节点的采样概率：

$$q(u) = \|\hat{\boldsymbol{A}}(:,u)\|^2 / \sum_{u'\in V}\|\hat{\boldsymbol{A}}(:,u')\|^2, \quad u \in V$$

并用它们进行带权重的采样：

$$\boldsymbol{H}^{(l+1)}(v,:) = \sigma\left(\frac{1}{t_l}\sum_{j=1}^{t_l}\frac{\hat{\boldsymbol{A}}(v,u_j^{(l)})\boldsymbol{H}^{(l)}(u_j^{(l)},:)\boldsymbol{W}^{(l)}}{q(u_j^{(l)})}\right), \quad u_j^{(l)} \sim q,$$
$$l = 0,\cdots,M-1.$$
(5.4)

可以证明，新的采样方法会得到更小的采样方差。与 GraphSAGE 一样，FastGCN 在实验中通常也只用两层图卷积网络，在针对大图的实验（比如 reddit）中，它们都比传统的图卷积网络快一到两个数量级，同时保持了几乎相同的准确度。

FastGCN 有一个很强的独立性假设，导致相邻的两个图卷积网络层的采样是相互独立的，这会降低训练的效率，因为可能不同图卷积网络层独立采样出来的节点之间，在信息传递时的路径是断掉的。ASGCN[85] 改进了 FastGCN 的层间采样依赖关系，并提出了一个新的、可学习的网络，直接优化重要性采样的方差，因此表现也更好。

5.4.3 图采样

尽管点采样和层采样在大规模图学习上取得了不错的进展，但是它们在图更大及图神经网络更深时还是会遇到不少的困难，如 GraphSAGE 的邻接点爆炸导致内存消耗过多，VR-GCN 需要额外存储节点的历史激活记录，FastGCN 的层间依赖不足导致效果稍差，ASGCN 需要在采样时额外注意层间依赖关系。最近，有研究者提出了一些基于子图采样的方法，这类方法的思想是通过限制子图的大小来解决邻居爆炸的问题。由于它们在采样到的子图上进行图神经网络的训练，这些方法也就不存在采样点之间缺失层间依赖的问题。

Cluster-GCN [64] 先采用图聚类算法把图分割成一个个小块，每次训练时随机选取一些小块组成子图，然后在这个子图上进行完整的图卷积网络计算，并直接得到损失函数。**GraphSAINT** [86] 也是先对原图进行采样，它使用了另外一些子图采样的方法（如随机选取节点、随机选取边，随机游走等方法），然后在采样的子图上进行图卷积网络的计算。不同于 Cluster-GCN，GraphSAINT 与 FastGCN 和 ASGCN 类似，还考虑了采样偏差问题，因此采用了重要性采样的方法来降低采样方差。具体来说，在 GraphSAINT 中，在子图上运行的图卷积网络在信息传递过程中，边的权重根据采样概率被重新归一化了：

$$h^{l+1}(v) = \sum_{u \in \mathcal{V}} \frac{\hat{\boldsymbol{A}}(v,u)}{\alpha_{v,u}} h^l(u) \boldsymbol{W}^l \mathbb{1}_{u|v}$$

其中，$\mathbb{1}_{u|v}$ 是一个指示符，当且仅当 u 和 v 都在采样的子图中且它们之间有边时，$\mathbb{1}_{u|v}$ 的值为 1，否则 $\mathbb{1}_{u|v} = 0$。$\alpha_{v,u} = p_{v,u}/p_v$ 是用来做归一化的权重，$p_{v,u}$ 为边 (v,u) 被一个子图采样到的概率，p_v 为节点 v 被一个子图采样到的概率，

它们都在子图采样前的预处理中预先得到。随之而来的是 GraphSAINT 中每个 batch 的损失函数也需要将采样概率考虑进去：

$$L_{\text{batch}} = \sum_{v \in \mathcal{G}_s} L_v / \lambda_v$$

其中，$\mathcal{G}_s$ 为采样的子图，L_v 为节点 v 上的预测损失，λ_v 为节点 v 对应的采样归一化系数，它与节点 v 被采样到的概率成正比：$\lambda_v = |\mathcal{V}| * p_v$。

图 5.12 展示了在 Cluster-GCN 中怎么避免邻接点数量爆炸问题。可以看出，由于分割成了不同的类，消息的传递在 Cluster-GCN 中受到了很大的限制，也就减少了邻接点数量爆炸的问题。图 5.13 则展示了 GraphSAINT 的图采样过程。先通过一些随机方法采样到子图，然后在子图上运行修改了权重的图卷积网络。图采样相比点采样和层采样要更加灵活，可以应用不同的图采样方法和图神经网络模型，并且在运行效率和准确度上都取得了很好的效果。

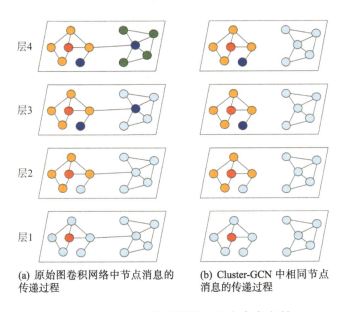

图 5.12 Cluster-GCN 的图采样。引自参考文献 [64]

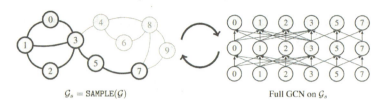

图 5.13　GraphSAINT 的图采样过程。引自参考文献 [86]

5.5　不规则图的深度学习模型

早期，大部分图神经网络关注的都是一般的图结构，甚至很多模型中默认图中的边都是没有权重的。工业界真正关心的是有着多种类型节点和边的不规则图（异构图）。例如，推荐系统中需要用户和商品两种节点；在药物反应预测中，我们需要在药物相互作用图中的边上处理不同的反应类型，这些任务也引发了对不规则图上图神经网络的很多研究。关于异构图上的图神经网络的研究非常活跃，本节简要介绍两种不同思路的异构图学习方法。

首先，回顾第 3 章讲到的图神经网络的一种表示——消息传递网络，它的信息传递过程可以写成如下形式：

$$m_v^{t+1} = \sum_{w \in \mathcal{N}(v)} M_t(h_v^{\mathrm{T}}, h_w^{\mathrm{T}}, e_{vw}) \quad (e_{vw} \text{ 表示连接节点 } v \text{ 和 } w \text{ 的边的属性向量})$$

(5.5)

$$h_v^{t+1} = U(h_v^{\mathrm{T}}, m_v^{t+1})$$

(5.6)

细心的读者可能已经发现，在信息收集的过程中，我们已经加入了边的信息 e_{vw}，所以消息传递网络框架是可以用来进行异构图的学习的。那么具体怎么实现呢？**关系图卷积网络**（Relational Graph Convolutinoal Networks，RGCN）给出了一种思路：

$$h_i^{l+1} = \sigma\left(\sum_{r=1}^{R} \sum_{j \in \mathcal{N}(i,r)} \frac{1}{c_{i,r}} W_r^l h_j^l + W_0^l h_i^l\right)$$

(5.7)

可以看出，式 (5.7) 和图卷积网络的公式非常相似，唯一的区别是根据边的类型

r 的不同，选择了不同的参数 W_r。

另一种 异构图神经网络 的思路则来源于图注意力网络。在传统的图注意力网络中，没有考虑到边的信息，但这并不是一个很难解决的问题。我们只需要将图注意力网络的公式稍加变换，加入边向量就可以了。假设节点 i 和 j 的边具有类型 r，则节点之间的注意力计算公式变为

$$e_{ij} = \text{LeakyReLU}(a[Wh_i + W_r e_r \| Wh_j]) \tag{5.8}$$

可以看出，式 (5.8) 和图注意力网络的唯一不同就是加入了边向量 $W_r e_r$。

5.6 小结

本章介绍了图神经网络的一些扩展任务和前沿课题，包括怎么训练更深的图卷积网络，怎么利用池化层次化地表示图，怎么在缺少标签的情况下无监督地训练图神经网络，怎么在图很大的时候进行快速的采样学习，以及怎么在不规则的异构图上构建图神经网络。这些课题覆盖了大部分图表示学习的研究方向，希望能带给感兴趣的读者更多比较新的知识，帮助读者探索和发现图神经网络的奥秘和不足。有些课题由于种种原因没有被选入本章，如图上的对抗性攻击与防御、动态图的表示学习、图神经网络的理论分析（表达力、不变性与同变性等）、图神经网络的可解释性等；还有一些重要的课题会在之后的章节结合其他任务一起讲解。例如，知识图谱上的图神经网络会在第 7 章与其他知识图谱嵌入方法一起介绍，而图的生成式模型会在第 8 章结合药物发现的任务一起介绍。

6 其他图嵌入方法

前面介绍了图神经网络可以把节点或图映射到一个低维空间,我们将其称为图嵌入。然而,除了图神经网络还有许多的图嵌入方法。本章将介绍其他浅层图嵌入方法。

早在图神经网络发明之前,图嵌入的概念就经常出现在流形学习(Manifold Learning)和网络分析(Network Analysis)的研究中。相对于图神经网络来说,最初的图嵌入方法被认为是浅层的嵌入方法,它们大多可以被归类为基于矩阵分解的图嵌入方法和基于随机游走的图嵌入方法[87, 88]。

6.1 基于矩阵分解的图嵌入方法

很多早期的图嵌入方法来源于经典的降维技术,如矩阵分解。具体来说,这些方法针对一个表示图的连接关系的矩阵(如邻接矩阵、拉普拉斯矩阵、卡兹相似度矩阵等)进行分解,分解后得到的节点表示保留了原图的一些性质。

6.1.1 拉普拉斯特征映射

原始的拉普拉斯特征映射算法需要先建立数据点的相似关系图,这里假设图已经给出,图中的边可以表示节点之间连接的强度或者相似度。这个算法假设两个节点 i 和 j 很相似,那么它们在降维之后的嵌入表示应该也尽量接近。给定图的邻接矩阵 $A \in \mathbb{R}^{n \times n}$,度矩阵 $D \in \mathbb{R}^{n \times n}$,拉普拉斯矩阵 $L = D - A$ 和

节点降维后的嵌入表示 $Z \in \mathbb{R}^{n \times m}$，它的目标函数可以表示为

$$\phi(Z) = \frac{1}{2} \sum_{i,j} A_{ij} \|z_i - z_j\|^2$$

$$= \text{tr}(Z^T L Z) \tag{6.1}$$

其中 tr 表示矩阵的迹。根据第 2 章介绍的拉普拉斯矩阵的概念，可以看出，**这实际上使得图的嵌入尽量光滑**。为了保证这个优化问题有解，而且解空间不会被任意的伸缩，我们对 Z 加一个限制 $Z^T DT = I$。这样优化问题就变为

$$\min \text{tr}(Z^T L Z), \quad \text{s.t.} \ Z^T D Z = I \tag{6.2}$$

对其做拉格朗日变换，得到

$$\min \text{tr}(Z^T L Z) - \lambda(Z^T D Z - I) \tag{6.3}$$

式 (6.3) 的导数是 $2(LZ - \lambda DZ)$，根据 KKT 条件，这个优化问题的解对应于求解 L 的广义特征值为

$$Lz = \lambda Dz$$

可以看出，拉普拉斯特征映射最终是在对拉普拉斯矩阵进行特征值分解，然后取前 m 个最小非 0 特征值对应的特征向量。

拉普拉斯特征映射作为一个经典的降维方法，至今仍然被广泛使用。在使用图神经网络的分类任务中，在原图没有节点特征的情况下，可以先采用拉普拉斯特征映射得到节点的嵌入表示，然后将它作为图神经网络中节点的初始状态。这种预处理一般会在某种程度上加快图神经网络的收敛，并且可能提升图神经网络的分类准确率。

6.1.2 图分解

图分解（Graph Factorization）[89] 采用了另外一种保持节点间距离的策略。它的主要思想是，**希望节点 v_i 和节点 v_j 嵌入后的表示 z_i 和 z_j 的内积和原来的边的权重尽量接近**。以 Z 作为节点的嵌入矩阵，希望最小化以下目标函数

$$\phi(\boldsymbol{Z}) = \frac{1}{2}\sum_{(i,j)\in\mathcal{E}}(A_{ij}-<z_i,z_j>)^2 + \frac{\lambda}{2}\sum_i\|z_i\|^2 \tag{6.4}$$

为了控制模型的复杂度，我们一般在式 (6.4) 中加上一项 L2 正则化项，λ 是它的系数。

第 5 章曾经介绍了图自编码器模型[75]，如果把式 (6.4) 中的 ($\boldsymbol{Z}$) 看成一个编码器的输出，那么这个目标函数实际就是一个自编码器的目标。不同的是，这里我们只考虑原图中已有的边的重构，不考虑所有的邻接矩阵元素（包含 0 元素）。图分解的方法是对邻接矩阵进行分解，因为只考虑图中已有的边，所以能够将复杂度控制在 $\mathcal{O}(|\mathcal{E}|)$，是一个扩展性很好的方法。GraRep [90] 和 HOPE [91] 则对图分解的方法进行了改进，仍然采用类似的框架，不同的是，它们的重构目标不再是原始的邻接矩阵。GraRep 从概率角度出发，考虑的是点与点之间的 k 阶相似性（转移概率），它的目标函数可以近似地写成

$$\min\|\boldsymbol{X}^k - \boldsymbol{Z}^k(\boldsymbol{Z}^k)^{\mathrm{T}}\|_F^2$$

这里的 $\boldsymbol{X}^k$ 由一个转移矩阵 $\boldsymbol{T} = \boldsymbol{D}^{-1}\boldsymbol{A}$ 得到，代表 k 阶非负对数概率。$\boldsymbol{X}^k$ 中的每个元素 $X_{i,j}^k$ 可以被认为是节点 v_i 和 v_j 间的某种相似度度量：

$$X_{i,j}^k = \max\left(\log\left(\frac{T_{i,j}^k}{\sum_t T_{t,j}^k}\right) - \log(\beta), 0\right)$$

$\boldsymbol{T}^k$ 就是转移矩阵连乘 k 次后的 k 阶转移概率矩阵，β 是一个超参数。

HOPE 则采用了一个更一般化的形式：

$$\min\|\boldsymbol{S} - \boldsymbol{Z}\boldsymbol{Z}^{\mathrm{T}}\|_F^2$$

$\boldsymbol{S}$ 不再局限于边的权重或者节点之间的转移概率，而可以是一个更一般的相似度矩阵。它可以是一个卡兹（Katz）指数，也可以是雅卡尔（Jaccard）共同邻居，还可以是 PageRank 等。

6.2 基于随机游走的图嵌入方法

随机游走在图分析中起着非常重要的作用。例如，GraRep 中所用的高阶转移概率就可以认为是由随机游走得来的。基于随机游走的图嵌入在数据挖掘领域被称为网络嵌入。不同于图神经网络通常利用整个图的信息（如空域图神经网络在整个图上传递信息，频域图神经网络在整个拉普拉斯矩阵上定义图卷积核），网络嵌入考虑的信息更加本地化，只考虑每个节点利用随机游走得到的邻居节点。另外，早期的网络嵌入模型只考虑图结构信息，并没有像图神经网络那样把节点特征加入模型中，不过这一点在最近的模型中得到了改进[92, 93]。

本节介绍两种最常见的经典随机游走网络嵌入模型：DeepWalk 和 node2vec。

6.2.1 DeepWalk

读者也许已经对词向量有了一定了解，如 word2vec、Glove 等词向量被广泛应用在自然语言处理中，几乎成了自然语言处理中深度学习模型的基石。作为一种简化的语言模型，word2vec 的出发点是用一个词做输入，预测它周围的上下文（即 Skip-gram 模型）；或者用一个词的上下文做输入，预测当前词的出现概率（即 CBOW 模型）。那么，我们可否把类似的思想移植到图数据中呢？答案是肯定的，但关键问题是怎么定义一个节点的上下文。

如图 6.1 所示，DeepWalk 采用随机游走的方法在图中随机采样大量固定长度的路径，每个路径相当于一个句子，而每个节点相当于一个词。这样，我们就可以用 Skip-gram 模型来最大化中心节点和它在这条路径上的前后邻接节点的共现概率，这个共现概率可以根据节点的嵌入表示得到。假设一个节点 v_i 的嵌入表示是 z_i，我们分别向前、向后采样 K 个节点，得到一条采样路径 U_v，则目标函数可以写成

$$\max_z \log \sum_{v_j \in U_v} p(v_j|v_i) = \log \sum_{v_j \in U_v} \frac{\exp(z_i^T z_j)}{\sum_{v_k \in \mathcal{V}} \exp(z_i^T z_k)}$$

由于归一化因子的存在，直接解这个目标函数的复杂度会非常高，需要用到所有的节点。因此，我们一般采用一些近似算法，包括层次 Softmax 和负采样。这里我们只简要介绍负采样技术。

6 其他图嵌入方法

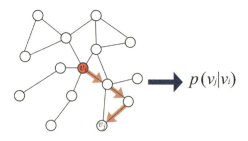

图 6.1 随机游走模型示意图

负采样

负采样是提高 Skip-gram 模型训练效率的一种近似算法。它的主要思想是：不需要精确地计算 $p(v_j|v_i)$，只需要尽可能地区分目标节点和其他噪声。这个噪声就是我们所谓的负样本，噪声的分布就是负采样所遵循的概率分布 P_n（为了简洁，很多情况下我们都使用均匀分布，也就是均匀随机采样作为负样本）。假设我们从 P_n 采样 K 个负样本，负采样将 $\log p(v_j|v_i)$ 近似为

$$\log \sigma(\boldsymbol{z}_j^\mathrm{T} \boldsymbol{z}_i) + \sum_{t=1}^{K} \mathbb{E}_{v_t \sim P_n}[\log \sigma(-\boldsymbol{z}_t^\mathrm{T} \boldsymbol{z}_i)]$$

实际上，第 5 章介绍的基于 GraphSAGE 的自监督方法采用的就是同样的目标函数。

6.2.2 node2vec

node2vec [94] **和 DeepWalk 的目标类似，都是最大化观察到邻接节点的概率**，它们的主要不同在于采样的方式。DeepWalk 采用了无偏的随机采样，每次向前、向后采样固定长度的一条路径；而 node2vec 将采样邻居节点看作一个搜索问题，它对两个图搜索策略（宽度优先搜索和深度优先搜索）做了权衡（如图 6.2 所示），然后用它们进行采样。

具体来说，node2vec 定义了两个随机游走的超参数 p 和 q，p 控制立刻访问节点的概率，q 控制访问节点的邻居的概率。如果 p 很高，就代表已经被访问的节点在接下来的两步被访问到的可能性更低。在 $q > 1$ 的情况下，随机游走倾向于访问近的邻居节点；在 $q < 1$ 的情况下，随机游走倾向于访问远的节点。

通过控制 p 和 q，我们可以平衡宽度优先搜索和深度优先搜索策略，因为宽度优先搜索倾向于保留节点在邻域附近的角色，而深度优先搜索则倾向于获得更加全局的结构信息。

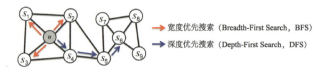

图 6.2　node2vec 的示意图。它在采样邻居节点时也考虑了深度优先搜索和宽度优先搜索两种策略。引自参考文献 [94]

6.2.3　随机游走与矩阵分解的统一

早在 2014 年，Levy 等人[95] 就提出了基于 Skip-gram 的词向量实际上可以看成一种矩阵分解，那么具有类似目标的网络嵌入模型呢，会不会也有同样的特征？Qiu 等人[96] 分析了几种经典的网络嵌入方法，如 DeepWalk、node2vec、LINE [97]、PTE [98]，发现它们全都可以统一成矩阵分解的形式。事实上，在更早之前，矩阵分解类图嵌入的经典算法 GraRep 也是从类 Skip-gram 的目标函数中推导出的。这就给我们提供了一种新的图嵌入的视角。由于篇幅限制，这里就不展开讲解了，感兴趣的读者可以参考文献 [96] 和 [90]。

6.3　从自编码器的角度看图嵌入

一种有趣的观点是：**所有图嵌入的方法实际上都是一个自编码器**[88]。前面已经讲到了图分解，GraRep 和 HOPE 是一个重构某种相似度矩阵的自编码器。这个框架其实也可以扩展到几乎所有本章涉及的模型中。表 6.1 总结了本章所讲的浅层图嵌入方法的自编码器框架。总体来说，我们可以先定义一个图中节点的相似度度量 $s_G(v_i, v_j)$，然后通过一个线性编码器 $f(x) = Zx$ 和一个解码器 $\text{DEC}(v_i, v_j)$ 重构节点间的相似度。

表 6.1 浅层图嵌入方法的自编码器框架

模型	解码器	节点相似度 $s_G(v_i,v_j)$	目标函数
拉普拉斯特征映射	$\|z_i-z_j\|_2^2$	一般	$\text{DEC}(z_i,z_j)s_G(v_i,v_j)$
图分解	$z_i^\mathrm{T} z_j$	$A_{i,j}$	$\|\text{DEC}(z_i,z_j)-s_G(v_i,v_j)\|_2^2$
GraRep	$z_i^\mathrm{T} z_j$	$A_{i,j},A_{i,j}^2,\cdots,A_{i,j}^k$	$\|\text{DEC}(z_i,z_j)-s_G(v_i,v_j)\|_2^2$
HOPE	$z_i^\mathrm{T} z_j$	一般	$\|\text{DEC}(z_i,z_j)-s_G(v_i,v_j)\|_2^2$
DeepWalk	$\dfrac{e^{z_i^\mathrm{T} z_j}}{\sum_{k\in\mathcal{V}}e^{z_i^\mathrm{T} z_k}}$	$p_G(v_j\|v_i)$	$-s_G(v_i,v_j)\log(\text{DEC}(z_i,z_j))$
node2vec	$\dfrac{e^{z_i^\mathrm{T} z_j}}{\sum_{k\in\mathcal{V}}e^{z_i^\mathrm{T} z_k}}$	改进的 $p_G(v_j\|v_i)$	$-s_G(v_i,v_j)\log(\text{DEC}(z_i,z_j))$

注:"一般"指可以适用于多种不同的相似度度量,如 HOPE 中可以使用 Katz 指数、PageRank 等。所有方法的编码器都是一个线性函数 $f(x)=Zx$,其中 x 表示节点的独热向量(One-hot Vector), Z 为嵌入矩阵。也就是说, Z 的第 i 列 z_i 对应第 i 个节点的嵌入向量。

6.4 小结

浅层图嵌入方法广泛应用于数据挖掘领域,是得到图节点的低维表示的一种很直观的方法,但它们也有天然的局限性。

(1) 浅层图嵌入方法是对图中出现的所有节点直接习得最终的表示,它们的编码器是将每个节点线性映射到最终的嵌入向量 $f(x)=Zx$,因此参数的数量和节点数量相关,**在节点数量很多时,参数量会变得过多**。相比之下,图神经网络(如图卷积网络)的参数是用来将节点本身的属性向量映射到一个更低维的向量,与节点的数量无关,只与节点属性向量的维度有关。

(2) 浅层图嵌入方法通常只考虑图的结构,而**忽略了节点本身的属性**。图神经网络则结合了节点本身属性和图的拓扑结构的信息。

(3) 浅层图嵌入方法**只能采用直推式学习**,如果它们要学习一个节点的嵌入,则这个节点必须是在训练过程中出现的,对于未出现过的节点则无能为力。而图神经网络(如 GraphSAGE 等),通过学习一个所有节点共通的编码器,可以很轻易地把嵌入方法推广到未知节点上。

7 知识图谱与异构图神经网络

知识图谱（Knowledge Graph）是由实体（节点）和关系（不同类型的边）组成的多关系图。将人类的知识进行结构化的表示和利用是人工智能一直以来的重要研究方向。自 2012 年起，谷歌正式提出了知识图谱的概念并将它成功地用在搜索引擎中，利用知识图谱进行推理和各种智能任务的辅助得到了广泛关注。大量公开知识图谱的构建，如 Freebase、DBpedia、YAGO、NELL 等，也推动了这一领域的发展。作为一种非常重要又特殊的图结构数据，知识图谱被广泛应用在人工智能和自然语言处理领域，从语义解析、命名实体消歧到问答系统、推荐系统中都可以看到来自知识图谱的技术推动。

本质上，可以将知识图谱看作一种异构网络图，因此很多异构图神经网络可以直接应用在知识图谱上作为表示学习的方法。由于知识图谱的特殊性，它又有很多原创的嵌入方法，并且这些知识图谱的嵌入方法又反过来推动了新的图神经网络结构的研究。本章将探讨知识图谱上的经典嵌入方法及图神经网络在知识图谱上的应用和改进。

7.1 知识图谱的定义和任务

7.1.1 知识图谱

一般来讲，**知识图谱由一系列三元组的事实 (h,r,t) 构成，每个事实中包含两个实体 h,t 和它们之间的关系 r**。这些三元组合在一起，就构成了一个图 $KG = (h,r,t)$。在这个图中，实体表示节点，实体间的关系表示边。因为关系通常是有向的，所以知识图谱大多是有向图[并不绝对。例如，表示药物相互作用的 DDI（Drug-Drug-Interaction）图就可以认为是无向图的知识图谱，因为这些图中的关系都是对称的]。

7.1.2 知识图谱嵌入

知识图谱的表示学习，或者说知识图谱嵌入，是将实体和关系映射到一个低维连续空间上。也就是说，类似于普通的图嵌入，知识图谱嵌入旨在学习实体和关系的向量化表示。知识图谱嵌入的关键是合理定义知识图谱中关于事实（三元组 (h,r,t)）的打分函数 $f_r(h,t)$。通常，当事实 (h,r,t) 成立时，我们期望最大化 $f_r(h,t)$。考虑整个知识图谱的事实，则我们可通过最大化 $\sum_{(h,r,t)\in O} f_r(h,t)$ 来学习所有实体及关系的向量化表示，其中 O 表示知识图谱中所有三元组的集合。

知识图谱并不能覆盖所有的知识，因此其核心任务之一就是利用已有的知识对未知的部分进行推理和补全（Knowledge Graph Completion，KGC）。这些都可以通过知识图谱嵌入的方法来解决。当我们得到了所有实体和关系的嵌入表示后，可以用定义的打分函数评价每个可能的三元组，以得到缺失的实体或者关系。图 7.1 展示了一个**知识图谱补全**的例子，假设在一个知识图谱上有一些缺失的关系，如在实体 Forest Gump 和 English 之间存在某种联系（即 language of film），但在构建知识图谱时我们并没有把它囊括进来，这时可以通过知识图谱嵌入的方法对所有已知的实体和关系进行表示学习，然后用它们预测 Forest Gump 和 English 之间未知的关系。除了补全关系，知识图谱补全也包含对缺失实体的预测，如上例中，如果我们已知 Forest Gump 和 Language，则可以推测出缺失的实体应该是 English。

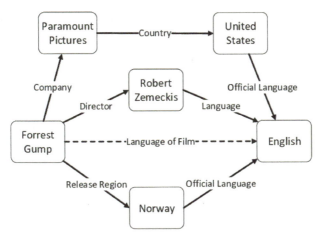

图 7.1　知识图谱补全的例子（来自 Freebase）。引自参考文献 [99]

传统的知识图谱推理一般只推测已经出现过的实体之间的关系，称之为**转导推理或者直推式学习**，而 Teru 等人[100] 提出了另一种推理任务，他们想将推理一般化到未见过的实体，这种新任务叫作**归纳推理**（Inductive Inference），这也是一个很有前途的研究方向。图 7.2 所示为知识图谱上的转导推理 vs. 归纳推理。图 7.2(a) 表示已知的知识图谱的部分，我们用它作为训练数据；图 7.2(b) 表示转导推理的任务，可以看出，要推理的关系涉及的两个实体都在训练数据中，甚至整个转导推理任务的测试数据都在训练数据中出现过；图 7.2(c) 表示归纳推理的任务，我们是在一个全新的知识图谱上进行测试，要测试的关系所涉及的两个实体没有在训练数据中出现过，这就要求知识图谱的嵌入和推理具有更强的泛化能力。

除了知识图谱的推理和补全，在知识图谱上我们还可以：

（1）对三元组分类，判断三元组事实 (h, r, t) 是否为真。

（2）对实体分类，将实体归类为不同的语义类别。

（3）实体判别，判断两个实体是否为同一个目标。

知识图谱嵌入还可以辅助完成很多下游任务，包括关系抽取、问答系统、推荐系统等。

随着对知识图谱相关研究的深入，出现了基于不同思路的知识图谱嵌入方法，这些方法定义了不同的嵌入空间或者不同的损失函数。我们跟随 Wang 等人的综述[34]，将它们分为**距离变换模型**、**语义匹配模型**和**知识图谱上的图神经网络模型**。

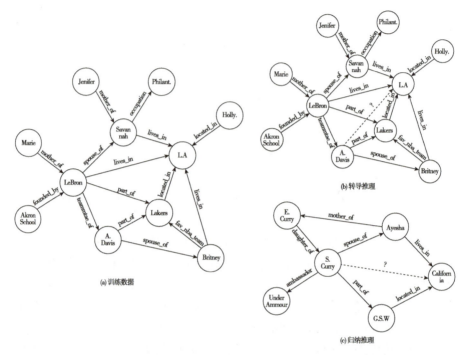

图 7.2　知识图谱上的转导推理 vs. 归纳推理。引自参考文献 [100]

7.2　距离变换模型

7.2.1　TransE 模型

类似于第 6 章介绍的 node2vec，TransE 模型的灵感也来源于 word2vec。表示学习在自然语言处理领域受到广泛关注，起源于 Mikolov 等人于 2013 年提出的 word2vec。Mikolov 等人发现，利用该模型后，词向量空间存在平移不变现象。受到该平移不变现象的启发，Border 等人提出了 TransE 模型，将知识库中的关系看作实体间的某种平移向量。对于每个事实三元组 (h,r,t)，假设它们分别有向量表示 h,r,t。TransE 模型将实体和关系表示在同一空间中，把关系向量 r 看作头实体向量 h 和尾实体向量 t 之间的平移，即 $h+r\approx t$。例如，对于

给定的两个事实 (汤姆·汉克斯, 出演, 阿甘正传) 和 (姜文, 出演, 让子弹飞)，可以通过平移不变性得到：阿甘正传—汤姆·汉克斯 ≈ 让子弹飞—姜文，即得到两个事实相同的关系的向量表示。我们也可以将 r 看作从 h 到 t 的翻译，因此 TransE 模型也被称为翻译模型。它的打分函数可以定义为 $h+r$ 与 t 距离的负，即

$$f_r(h,t) = -\|h + r - t\|_{\text{L1/L2}} \tag{7.1}$$

其中，$\|\cdot\|_{\text{L1/L2}}$ 表示 L1 范数或 L2 范数。

7.2.2 TransH 模型

虽然 TransE 模型简单高效，计算复杂度低，在大规模稀疏知识库上具有较好的性能与可扩展性，但是它不能解决多对一和一对多关系的问题。以多对一关系为例，固定 r 和 t，TransE 模型为了满足三角闭包关系，训练出来的头节点的向量会很相似，但实体在涉及不同关系时应该具有不同的表示形式。例如，"姜文"和"汤姆·汉克斯"在给定"出演"关系时的表示很相似，而给定其他关系时的表示可能相差很大。

为了解决 TransE 模型在处理一对多、多对一、多对多复杂关系时的局限性，TransH 模型提出让一个实体在不同的关系下拥有不同的表示。对于关系 r，TransH 模型同时使用平移向量 r 和超平面的法向量 w_r 来表示它。对于一个三元组 (h,r,t)，TransH 模型先将头实体向量 h 和尾实体向量 t 投影到关系 r 对应的超平面上，分别得到 $h_\perp$ 和 $t_\perp$，再对投影用的 TransE 模型进行训练和学习。

因此，TransH 模型定义了如下评分函数：

$$f_r(h,t) = -\|h_\perp + r - t_\perp\|_2^2 \tag{7.2}$$

其中，$h_\perp = h - w_r^\mathrm{T} h w_r$。需要注意的是，关系 r 可能存在无限个超平面，TransH 模型简单地令 r 与 w_r 近似正交，来选取某一个超平面。TransH 模型使不同的实体在不同的关系下拥有了不同的表示形式，但由于实体向量被投影到了关系的语义空间中，故它们具有相同的维度。

7.2.3　TransR 模型

TransR 模型与 TransH 模型的思想类似，它引入的是关系特定的语义空间，而不是超平面。虽然 TransH 模型使每个实体在不同关系下拥有了不同的表示，但是它仍然假设实体和关系处于相同的语义空间中，这在一定程度上限制了 TransH 模型的表示能力。TransR 模型则将一个实体看作多种属性的综合体，不同的关系拥有不同的语义空间并关注实体的不同属性。

具体而言，对于每一个关系 r，TransR 模型定义投影矩阵 M_r，将实体向量 h 和 t 从实体空间投影到关系 r 对应的子空间：

$$h_\perp = M_r h \tag{7.3}$$

$$t_\perp = M_r t \tag{7.4}$$

然后，TransR 模型利用和 TransH 模型相同的翻译关系 $h_\perp + r \approx t_\perp$ 得到关于三元组的评分函数：

$$f_r(h,t) = -\|h_\perp + r - t_\perp\|_2^2 \tag{7.5}$$

图 7.3 为 TransE 模型、TransH 模型和 TransR 模型的对比，从中我们可以直观地看出它们的区别。

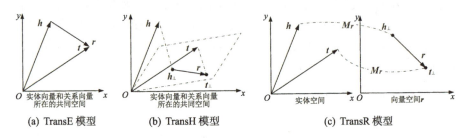

图 7.3　Trans 系列模型的对比[34]

7.2.4 TransD 模型

虽然 TransR 模型较 TransE 模型和 TransH 模型有显著的改进，但它仍然有如下缺点。

（1）在同一个关系下，头实体和尾实体共享相同的投影矩阵。然而，一个关系的头实体和尾实体的类型或属性可能差异巨大。例如，对于三元组 (姜文, 出演, 让子弹飞)，"姜文" 和 "让子弹飞" 的类型完全不同，一个是人物，一个是电影。

（2）从实体空间到关系空间的投影是实体和关系之间的交互过程，因此 TransR 模型让投影矩阵仅与关系有关是不合理的。

（3）与 TransE 模型和 TransH 模型相比，TransR 模型引入了空间投影，使得 TransR 模型的参数量急剧增加，计算复杂度大大提高。

为了解决这些问题，TransD 模型设置了两个分别将头实体 h 和尾实体 t 投影到关系空间的投影矩阵 M_{r1} 和 M_{r2}。

$$h_\perp = M_{r1} h \tag{7.6}$$

$$t_\perp = M_{r2} t \tag{7.7}$$

其中，M_{r1} 由一个对应关系的向量 w_r 和一个对应头实体的向量 w_h 组成，M_{r2} 则由 w_r 和一个对应尾实体的向量 w_t 组成：$M_{r1} = w_r w_h^T + I$，$M_{r2} = w_r w_t^T + I$，这样投影矩阵就不仅和关系有关，还和被投影的实体有关系。另外，通过两个向量外积的定义方式，TransD 模型可以使投影矩阵的参数变少，从而降低模型的复杂度。

7.3 语义匹配模型

语义匹配模型利用基于相似性的评分函数，通过匹配实体的潜在语义和向量空间表示中包含的关系来度量事实的可信性。

7.3.1 RESCAL 模型

RESCAL 模型又称双线性模型，它将每个关系 r 都表示为一个矩阵 M_r，该矩阵对潜在因素之间的成对交互作用进行了建模。所谓双线性模型，指的是它的得分函数是一个双线性函数：

$$f_r(h,t) = h^{\mathrm{T}} M_r t = \sum_{i=0}^{d-1}\sum_{j=0}^{d-1} [M_r]_{ij}[h]_i[t]_j \tag{7.8}$$

这个得分函数的值描述了 h 和 t 的所有分量之间的成对相互作用。

7.3.2 DistMult 模型

DistMult 模型是 RESCAL 模型的简化版本，它通过将 M_r 限制为对角矩阵来减少参数的数量。对于每一个关系 r，它要求 $M_r = \mathrm{diag}(r)$，其中 r 是对应关系 r 的一个向量。它的评分函数与 RESCAL 相同，不同的是，由于 M_r 是一个对角阵，它只捕获 h 和 t 在相同维度上的分量之间的交互作用。也就是说，在式 (7.8) 中，$i \neq j$ 的分量消失了，评分函数可以重写为 $f_r(h,t) = \sum_{i=0}^{d-1} r_i h_i t_i$。这样，DistMult 模型可以将每一个关系的参数数量减少至 $O(d)$。然而，DistMult 模型只能处理对称的关系，因为对于任意的 h 和 t，$h^{\mathrm{T}} \mathrm{diag}(r) t = t^{\mathrm{T}} \mathrm{diag}(r) h$ 都是成立的。显然，在一般的知识图谱上，关系并不总是对称的，所以 DistMult 模型有很大的局限性。

7.3.3 HolE 模型

HolE 模型将 RESCAL 模型的表达能力与 DistMult 模型的效率和简单性进行了结合。它把实体和关系都表示为同一个向量空间中的向量。给定一个事实 (h,r,t)，先使用循环相关操作 $*$ 将实体对 (h,t) 表示成

$$[h * t]_k = \sum_{i=0}^{d-1} [h]_i [t]_{(k-i) \bmod d} \tag{7.9}$$

然后将实体对的表示与关系的表示进行匹配，得到一个得分函数：

$$f_r(h,t) = r^\mathrm{T}(h*t) \tag{7.10}$$

循环相关运算压缩了 h 和 t 之间的相互作用，减少模型参数（每个关系只需要 $O(d)$ 个参数）。另外，循环相关运算符是不可交换的。因此，HolE 模型可以像 RESCAL 模型一样对非对称关系建模。

7.3.4 语义匹配能量模型

语义匹配能量（Semantic Matching Energy，SME）模型也是对事实中的实体和关系进行语义匹配。不同的是，它使用一个更复杂的神经网络架构来实现。首先，在输入层，将三元组 (h,r,t) 的每个元素映射为嵌入向量 h,r,t；然后，在隐含层，将关系向量 r 和头实体向量 h 组合，得到一个分数 $g_u(r,h)$。同时，将关系向量 r 和尾实体向量 t 组合，得到 $g_v(r,t)$。最终，将这两个分数组合，得到最终的匹配分数，如

$$f_r(h,t) = g_u(r,h)^\mathrm{T} g_v(r,t) \tag{7.11}$$

7.3.5 神经张量网络模型

神经张量网络（Neural Tensor Networks，NTN）模型是另一种经典的神经网络语义匹配模型。在这个模型里，r 不再仅用一个向量或矩阵来表示，而是引入了一个对应的张量 S_r 及对应的矩阵 M_r^1, M_r^2，分别表示两种匹配关系：线性和双线性。它的得分函数是

$$f_r(h,t) = r^\mathrm{T}\tanh(h^\mathrm{T} S_r t + M_r^1 h + M_r^2 h + b) \tag{7.12}$$

其中，b 表示一个偏差的向量参数。神经张量网络模型是一个最具表达力的模型，几乎涵盖了所有的匹配关系，但是它的参数过多，导致不能有效地处理大型的知识图谱。

7.3.6 ConvE 模型

ConvE 模型采用一个 2D 卷积得到实体和关系的匹配分数：

$$f_r(h,t) = \sigma(\text{vec}(\sigma([M_h, M_r] * \omega))W)t \tag{7.13}$$

它先把头实体 h 和关系 r 重塑成二维矩阵 M_h 和 M_r，然后利用卷积（$*$ 为卷积操作，ω 为卷积核）和全连接层（参数为 W）获取交互信息，最后与尾实体向量 t 相乘。它不像神经张量网络模型那样复杂，又可以叠加多层以增强表达力，在复杂度和表达力之间取得了很好的平衡。它很容易训练，可以被应用在大规模的知识图谱中。

7.4 知识图谱上的图神经网络

从本章前面的方法介绍中可以看出，几乎所有早期的知识图谱嵌入的经典方法都是在对每个三元组打分，在实体和关系的表示中并没有完全考虑到整幅图的结构。早期，图神经网络的方法在知识图谱嵌入中并没有被重视，主要由于：

（1）早期的图神经网络更多是具有同种类型节点和边的同构图，对知识图谱这样的异构图关注较少。

（2）早期的图神经网络复杂度较高，很难扩展到知识图谱这种大规模图上。

随着对图神经网络研究的深入，越来越多的研究者开始使用更具表达力的图神经网络对知识图谱进行建模。

7.4.1 关系图卷积网络

关系图卷积网络[101] 是一个基于信息传递的异构图神经网络。我们在之前的章节中也提到过，它本质上是对图卷积网络模型的一个扩展，在图卷积网络的基础上加入了边的信息，因此也可以被用来学习知识图谱中的实体嵌入。给定节点状态 h_i^l 和它的邻接节点集 $\mathcal{N}_i^r$（其中 r 表示边上的关系），节点的表示由式 (7.14) 进行更新：

$$h_i^{l+1} = \sigma\left(\sum_r \sum_{j \in \mathcal{N}_i^r} \frac{1}{c_{i,r}} W_r^l h_j^l + W_0^l h_i^l\right) \tag{7.14}$$

其中，$c_{i,r} = |\mathcal{N}_i^r|$ 是一个用来正则化的系数。图 7.4 展示了关系图卷积网络的节点更新过程，对于每个节点 v_i，它把周围所有与之相连的关系 r（即 rel_1 到 rel_N，区分正反方向）都表示为一个矩阵 W_r，加入节点更新的公式中，并且加入了自循环来保持部分自身节点的信息。

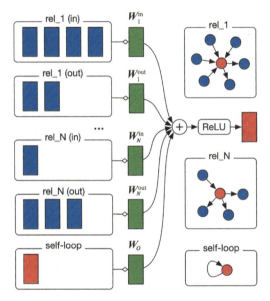

图 7.4 关系图卷积网络的节点更新过程。引自参考文献 [101]

7.4.2 带权重的图卷积编码器

结构感知卷积网络（Structure-Aware Convolutional Networks，SACN）[102] 把知识图谱拆分为多个单关系的同构图，即知识图谱中的每种关系对应一个子图，在最终聚合时再考虑每个关系的重要度。本质上，结构感知卷积网络是图卷积网络和 ConvE 模型的合体。它以一个带权重的图卷积网络（Weighted Graph Convolutional Networks，WGCN）为编码器，用一个叫作 Conv-TranE 的解码器进行解码。

编码器：结构感知卷积网络采用了带权重的图卷积网络进行编码，不同于图卷积网络，它对每个关系 r 在信息传递的每一层 l 赋予一个权重 α_r^l。在信息传递的过程中，关系本身的重要性也被考虑进去了：

$$h_i^{l+1} = \sigma\left(\sum_{j\in\mathcal{N}_i}\alpha_t^l h_j^l \boldsymbol{W}^l + h_i^l \boldsymbol{W}^l\right) \tag{7.15}$$

解码器：Conv-TransE 模型的架构是基于 ConvE 模型的。不同的是，Conv-TransE 模型中实体和关系向量 h, r 不像 ConvE 模型中那样先转换成二维矩阵，并且保持了 TransE 模型的平移不变性，即 $h + r \approx t$。它的得分函数写成

$$f_r(h, t) = g(\text{vec}(\boldsymbol{M}(h, r))\boldsymbol{W})t \tag{7.16}$$

其中，$\boldsymbol{M}(h, r)$ 是卷积之后得到的形式。结构感知卷积网络在 ConvE 模型的基础上增加了带权重的图卷积网络的编码，因此可以加入知识图谱的结构信息和实体节点自身的属性信息，使结果得到了很大的改进。

7.4.3 知识图谱与图注意力模型

既然已经有了基于图卷积网络的模型，我们可以预见，一定有基于图注意力的模型[103, 104]。我们以参考文献 [104] 为例介绍知识图谱的图注意力模型。类似于结构感知卷积网络，这个模型也是用图神经网络作为编码器，然后将一个传统的知识图谱嵌入模型作为解码器。具体来讲，编码器就是一个图注意力网络的扩展。它与图注意力网络不同的地方在于在计算边的注意力权重时，除了考虑到节点的属性，也加入了边的信息：

$$\alpha_{htr} = \text{Softmax}_{tr}(\text{LeakyReLU}(\boldsymbol{W}_2 \boldsymbol{c}_{htr})) \tag{7.17}$$

其中，$\boldsymbol{c}_{htr} = \boldsymbol{W}_1[h\|t\|r]$，$\text{Softmax}_{tr}$ 表示对 t 和 r 对应的维度进行归一化。类似于图注意力网络，我们可以加入多头注意力来增加模型的表达能力，假设我们有 M 个独立的注意力机制，则节点的更新可以表示为

$$h = \sigma\left(\frac{1}{M}\sum_{m=1}^{M}\sum_{j\in\mathcal{N}_i}\sum_{r\in R_{ht}}\alpha_{htr}^m \boldsymbol{c}_{htr}^m\right) \tag{7.18}$$

而解码器是用之前的一个经典模型 ConvKB。对于每一个三元组 (h,r,t)，在上述编码器得到它们的向量表示 $(\boldsymbol{h},\boldsymbol{r},\boldsymbol{t})$ 之后，引入 ConvKB 模型的得分函数：

$$f_r(\boldsymbol{h},\boldsymbol{t}) = \|_{m=1}^{\Omega}(\text{ReLU}([\boldsymbol{h},\boldsymbol{r},\boldsymbol{t}] * \boldsymbol{\omega}^m)\boldsymbol{W}) \tag{7.19}$$

其中 $\boldsymbol{\omega}^m$ 是第 m 个卷积核。

7.4.4 图神经网络与传统知识图谱嵌入的结合：CompGCN

Vashishth 等人[35]认为在知识图谱的信息传递中，应该综合考虑关系和节点的组合，而非将它们各自分离表示。因此，他们在提出的 CompGCN 模型中采用了传统知识图谱嵌入中的三元组关系 $\boldsymbol{h}_u = \phi(\boldsymbol{h}_v, \boldsymbol{h}_r)$（其中 (u,r,v) 为一个三元组）作为要传递的信息，然后进行信息的聚合和节点状态的更新。

首先，他们综合考虑了边的不同类型：有向边、反向边、自连边，并对它们分别采用不同的投影矩阵（$\boldsymbol{W}_{\text{rel}} \in \{\boldsymbol{W}_{\text{o}}, \boldsymbol{W}_{\text{i}}, \boldsymbol{W}_{\text{s}}\}$），把对应的关系映射到向量上去，即 $\boldsymbol{h}_r = \boldsymbol{W}_{\text{rel}}\boldsymbol{r}$。然后节点的更新可以表示为

$$\boldsymbol{h}_u^{l+1} = f\left(\sigma\left(\sum_{(v,r)\in\mathcal{N}(u)} \boldsymbol{W}_r^l \phi(\boldsymbol{h}_v, \boldsymbol{h}_r^l)\right)\right) \tag{7.20}$$

ϕ 函数与传统的知识图谱嵌入对三元组的打分方法类似，例如，可以选用以下三种不同的函数：

- **减** $\phi(\boldsymbol{h}_v, \boldsymbol{h}_r) = \boldsymbol{h}_v - \boldsymbol{h}_r$，对应 TransE 模型。
- **乘** $\phi(\boldsymbol{h}_v, \boldsymbol{h}_r) = \boldsymbol{h}_v * \boldsymbol{h}_r$，对应 DistMult 模型。
- **循环相关** $\phi(\boldsymbol{h}_v, \boldsymbol{h}_r) = \boldsymbol{h}_v \star \boldsymbol{h}_r$，对应 HolE 模型。

由于结合了知识图谱嵌入的得分方式，又考虑了不同边的类型，CompGCN 在基于知识图谱完成的任务上取得了非常好的效果，在很多指标上都达到了最好。

7.5 小结

知识图谱作为一种重要而特殊的图结构，在各个领域有着广泛的应用，知识图谱的表示学习为传统人工智能关注的推理、符号逻辑等提供了新的、高效

的方法，而图神经网络在这个领域也起到了越来越关键的作用。同时，知识图谱的特殊性和复杂性为图神经网络提供了很多新的、待解决的问题，如可解释性、复杂推理、可扩展性、自动构建与动态变化。解决这些问题，将为我们带来新的技术推动力。

8 图神经网络模型的应用

图神经网络之所以得到如此广泛的关注，得益于它的应用场景丰富。一方面，在人工智能的各大领域中，我们都可以看到关于图神经网络的研究论文的爆发性增长；另一方面，很多科技公司都推出了和图神经网络相关的框架或产品（如 Pintest 的 PinSAGE，Facebook 的 PyTorch-BigGraph，阿里巴巴的 AliGraph）。在第 1 章的最后，我们非常简要地介绍了图神经网络的应用领域，本章将揭示强大的图神经网络具体是怎么应用的。首先，介绍怎么在图神经网络的基础上实现图结构数据上最常见的三个一般任务：节点分类、链路预测和图分类，然后按照应用领域介绍具体的任务和一些特别的应用。

8.1 图数据上的一般任务

第 1 章介绍过，按照元素和层级来划分，图数据上的任务一般可以分为**节点上的任务**、**边上的任务**和**图上的任务**。而在实际应用中，大部分图神经网络的应用都集中在**节点分类**、**链路预测**和**图分类**上；在设计一个新的图神经网络模型时，我们常使用的标准数据集也都基本来自这三个任务。我们暂时不考虑图数据的具体领域，先来介绍图神经网络在这些标准任务上的使用。

8.1.1 节点分类

节点分类是图神经网络上最普遍的一个任务，我们见到的大部分图神经网络的论文都会在 Cora、Citeseer、Pubmed 等标准数据集上进行节点分类任务的测试。沿用本书惯用的符号，给定一个图 $G = \{\mathcal{V}, \mathcal{E}\}$，假设已知其中部分节点 $\mathcal{V}_{\text{train}}$ 的标签 $\boldsymbol{Y} \in \mathbb{R}^{n \times s}$（$n$ 个节点，每个节点的标签属于 s 类中的一个），目标是预测一些未知节点 $\mathcal{V}_{\text{test}}$ 上的标签 $\boldsymbol{Y}_{\text{test}}$。注意，在第 3 章的图卷积网络模型中，我们已经介绍过使用图卷积网络进行半监督节点分类的训练过程，这里我们把它推广到更一般的模型上。

首先，假设已经有一个图神经网络模型对图进行编码，得到节点嵌入 $\boldsymbol{Z} \in \mathbb{R}^{n \times m}$，那么我们可以在图神经网络的上面加上一层全连接网络进行预测，得到的预测标签为 $\hat{\boldsymbol{Y}} = \text{MLP}(\boldsymbol{Z}) = \text{Softmax}(\boldsymbol{Z}\boldsymbol{W} + \boldsymbol{b}) \in \mathbb{R}^{n \times s}$，然后只需要在有标签的节点上计算交叉熵作为损失函数：

$$\mathcal{L} = -\sum_{l=0}^{s-1}\sum_{i=0}^{n-1} Y_{li} \ln \hat{Y}_{li} \tag{8.1}$$

值得一提的是，有时，在最后一层进行预测的并非全连接网络，如图卷积网络的最后一层就直接使用图卷积层输出标签，而不需要额外的转换；而有时，每个节点的标签并非只有一个，那么我们的预测函数就需要从 Softmax 改成 sigmoid，即从多分类预测转为多标签预测。

8.1.2 链路预测

链路预测可以理解为定义在边上的任务。给定两个节点 v_i 和 v_j，链路预测的目标是判断这两个节点之间是否有连接 e_{ij} 或它们之间的连接属于什么类别。链路预测和工业界的联系非常紧密，很多推荐系统是基于链路预测的，知识图谱补全中对实体关系的预测也被认为是一个链路预测的问题。

对于普通的 $\{0,1\}$ 连接的图或者权重图，由于不用考虑边的类型，在链路预测时只需要基于两个目标节点的嵌入向量进行预测。如 VGAE[75] 中预测 v_i 和 v_j 之间有边的概率是

$$p_{ij} = p(e_{ij} = 1 | \boldsymbol{z}_i, \boldsymbol{z}_j) = \sigma(\boldsymbol{z}_i^\mathsf{T} \boldsymbol{z}_j) \tag{8.2}$$

其中，z_i, z_j 是节点 v_i 和 v_j 的嵌入表示，σ 是一个 sigmoid 函数。

在具有关系类型的图中对链路的预测要稍微复杂一点——还需要考虑边本身的信息，所以一般会计算包含节点 v_i、v_j 和边 r 的三元组 (v_i, r, v_j) 存在的概率 p_{ij}^r。例如，我们在 5.5 节和 7.4.1 节介绍的关系图卷积网络，采用的就是 DistMult 模型中对三元组的打分函数

$$p_{ij}^r = \sigma(f_r(v_i, v_j)) = \sigma(\boldsymbol{z}_i^\mathrm{T} \boldsymbol{R}_r \boldsymbol{z}_j) \tag{8.3}$$

其中，z_i, z_j 是节点的嵌入表示，而 $\boldsymbol{R}_r$ 是对应关系 r 的对角阵。

在图数据上，我们通常只知道哪些边确定存在（取值为 1 或具有确定的类型 r），而不知道哪些边确定不存在（也就是只有正例而没有反例），因此在训练的过程中，我们一般会采用负采样的方法得到一些图中不存在的边作为近似的负样本。具体来说，我们对图中每个三元组 (v_i, r, v_j) 随机用其他节点替换 v_i 或 v_j，得到 ω 个不存在的三元组。这样损失函数可以写为

$$\mathcal{L} = -\frac{1}{(1+\omega)|\Omega|} \sum_{(v_i, r, v_j, y) \in \Gamma} y \log p_{ij}^r + (1-y) \log(1 - p_{ij}^r) \tag{8.4}$$

其中，Ω 表示训练集中所有的三元组，即正例的合集；$|\Omega|$ 为所有正例的数量；Γ 为包含所有正例和负例三元组的集合。如果 (v_i, r, v_j) 为正例，则 $y = 1$，反之 $y = 0$。

值得注意的是，以上两种预测函数只是作为例子展示两个常用的方法。事实上，打分函数或者损失函数都可以有不同的形式。另外，除了使用节点嵌入和三元组打分函数，链路预测还有一些更复杂的模型，例如，利用两个目标节点周围的子图（Enclosing Subgraph）来预测的方法[105]，由于包含了更多上下文的结构信息，取得了很好的效果。

8.1.3 图分类

图分类任务经常出现在生化领域，如预测分子的化学性质等。在这类任务中，我们给定一些已知标签的图 $(G_1, \boldsymbol{y}_1), \cdots, (G_n, \boldsymbol{y}_n)$ 用来训练，目标是预测一些新图的标签。

在 3.2.4 节介绍的消息传递网络中提到，可以通过节点的嵌入表示 $\boldsymbol{Z}$ 得到

整个图的向量表示 $z_G = \text{READOUT}(Z)$。READOUT 函数可以采用加和函数、均值函数、最大池化等实现，也可以像门控图神经网络那样采用更高级的软注意力机制。在得到图的向量表示之后，我们就可以做图上的分类预测任务了。同节点分类类似，我们也可以使用一个简单的全连接网络对图 G_i 进行分类预测：

$$\hat{y}_i = \text{Softmax}\left(\text{MLP}(z_{G_i})\right) \tag{8.5}$$

然后，同样使用真实标签 y 与预测标签 $\hat{y}$ 的交叉熵作为损失函数来训练图神经网络：

$$\mathcal{L} = -\sum_{i=1}^{n} y_i \ln \hat{y}_i \tag{8.6}$$

有些图级别的预测任务并非是分类，例如，如果要预测的分子性质不属于某个类别而是一个连续的值，那么此时我们要采用回归模型，损失函数也要相应地改为平方差：

$$\mathcal{L} = \sum_{i=1}^{n} \|y_i - \text{MLP}(z_{G_i})\|_2^2 \tag{8.7}$$

至此，图数据上的三大主要任务和图神经网络在它们之中的损失函数和训练过程已经介绍完了，接下来介绍在每个领域中图神经网络是怎么具体应用的。在这些领域中，有很多任务都可以归结为以上三种标准任务的延伸，但也有一些我们还没来得及介绍的模型和新颖的应用，如图生成模型与分子生成、化学反应预测、Graph2Seq 等。本节将对这些新模型和应用做更加详细地介绍。

8.2 生化医疗相关的应用

8.2.1 预测分子的化学性质和化学反应

在生化领域，药物分子化合物、蛋白质等经常被作为研究对象。以分子为例，它是一个天然的图结构，可以将分子中的原子看作节点，将化学键看作边，研究分子的化学性质就可以看成给一个图分类或者回归问题。事实上，在机器学习图分类问题的标准数据集中，生化分子占据了非常大的比例：对于化合物来说，MUTAG 数据集旨在分类它们是否为芳香剂，Tox21 数据集分类不同的毒性，NCI-1 分类对癌症的阻碍作用。对于这类问题，我们一般通过学习整个分子图的表示得到所谓的"分子指纹"，然后用它做各种性质的预测。

分子指纹的学习和化学性质的预测在图神经网络发展的早期起到了非常重要的作用。例如，Duvenaud 等人[51] 在传统的分子指纹的基础上做了改进，发展了卷积的方法，也是早期图卷积网络的一种；而 Glimer 等人[16] 提出的消息传递网络更是在分子化学的背景下对所有信息传递网络做了统一和改进。除此之外，图卷积网络还被用来预测两个分子的化学反应[30, 106] 或者寻找有效的抗体[107]。由于前面的章节已经对图分类任务做了介绍，本节就不赘述了。本节简单介绍化学反应预测这个比较新颖的应用。

化学反应预测是指给定一些反应物分子图 G_r（注意这个 G_r 一般包含不止一个分子，但是这些不同的分子可以放在一起，组成一个共同的不连通的图），来预测化学反应后产生的对应的产物 G_p。图 8.1 所示为图神经网络用于化学反应预测的过程。G_r 中每个节点是一个原子，首先，用一个特定的图神经网络学习每个原子节点的嵌入表示，然后预测每两个原子形成的原子对（Atom Pair）可能产生反应的分数。分数最高的 K 个原子对被挑出来，我们根据这些原子对列举可能产生的所有符合规则的候选产物，最后用另一个图卷积网络对这些候选产物进行预测，并按照概率高低重新排序，这样就得到了我们想要的反应产物 G_p。

8.2.2 图生成模型与药物发现

药物开发是一个耗时、费力的大工程，从最初的药物设计、分子筛选，到后期的安全测试、临床试验，一般会花超过 10 年的时间而且不能保证成功率。因此，面对 COVID-19 这种突发的流行病，我们无法立刻研发出有效药物，而只能在已知的药物里寻找可能有效的进行药物重用。为了加快新药开发的进程，人工智能在药物发现领域起到了越来越重要的作用，尤其是在新分子的设计阶段，图神经网络与图生成模型的应用极大地提升了药物发现的效率。虽然分子也可以表征成 SMILES 字符串的形式（如图 8.2 所示），但是我们很难从这种字符串中直接获得语法和结构信息，因此更常用的分子生成方法是把分子当成图来生成。

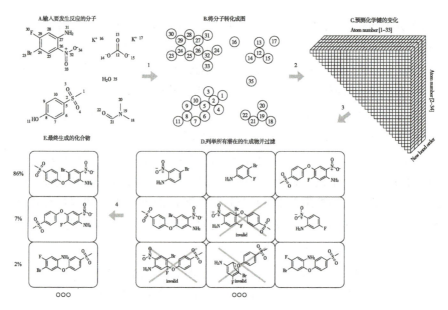

图 8.1 图神经网络用于化学反应预测的过程。引自参考文献 [106]

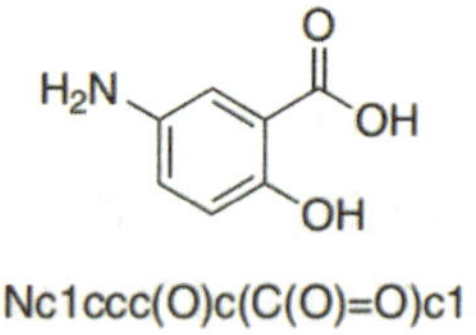

图 8.2 分子的图表示与对应的 SMILES 字符串表示

深度学习在解决生成问题的能力上早已声名远扬，生成对抗网络（Generative Adversarial Networks，GAN）和变分自编码器等深度生成模型被广泛应用于图像和文本生成领域，然而把这些模型扩展到分子图的生成问题上并不容易。首先，由于分子具有不同类型的节点和不同类型的边，导致一个很小的分子也有着很大的搜索空间；其次，由于图的不规则性，设计一个解码器从一个向量生成一个图结构是非常有挑战的；最后，我们还需要保证生成的图是一个分子，并且具有我们想要的化学性质，这就要求生成过程中有很多的限制条件。一般来说，**图生成模型有以下几类：自回归（Auto-regressive）模型，基于生成对抗网络的模型，基于变分自编码器的模型，以及基于标准化流（Normalizing Flow）的模型**。

首先，我们对分子图生成问题给出一个形式化的定义：

定义 5 给定一些已知的分子图 $\{G_1, G_2, \cdots, G_n\}$ 和它们对应的化学性质 $y_1, y_2, \cdots, y_n$，假设它们都服从某种未知的分布 $p(G)$，图生成模型的目标是学到这个分布并从中采样出新的分子图 $\{G_{n+1}, G_{n+2}, \cdots\}$。这些生成的新分子图需要是有效的分子（满足化学价等条件），并且具有我们想要的化学性质。

1. **自回归模型**

   GraphRNN [108] 是一个早期的经典图生成模型，它把图的生成过程看作一个序列生成过程。虽然图结构中节点的位置是可互换的，但是生成图总要有个先后顺序，所以 GraphRNN 中每个图的节点被预先设定了一种排序，按照这种排序，我们可以一个节点一个节点地生成这个图。在图 8.3 中，我们每次生成一个节点，然后把这个节点连接到已经生成的其他节点上，也就是生成节点所对应的边，这样依次循环，直到最终生成整个图。

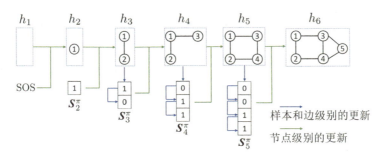

图 8.3 GraphRNN：图生成的自回归模型。引自参考文献 [108]

具体来讲，我们先把图 G 用宽度优先搜索表示成一个序列的形式：

$$\boldsymbol{S}^\pi = f_S(G, \mathrm{BFS}(G, \pi)) = (\boldsymbol{S}_1^\pi, \cdots, \boldsymbol{S}_n^\pi)$$

其中 π 为一个某种节点的排序，$\boldsymbol{S}_i^\pi \in \{0,1\}^{i-1}$ 表示第 i 个节点与之前所有节点的连接向量。那么这个序列可以通过自回归的方式生成：

$$p(\boldsymbol{S}^\pi) = \sum_{i=1}^{n+1} p(\boldsymbol{S}_i^\pi | \boldsymbol{S}_1^\pi, \cdots, \boldsymbol{S}_{i-1}^\pi)$$

这里 $p(S_i^\pi|S_1^\pi,\cdots,S_{i-1}^\pi)$ 采用循环神经网络的形式进行状态更新。我们使用两个神经网络 f_{trans} 和 f_{out} 得到 S_i^π 的生成参数 θ_i：$h_i = f_{\text{trans}}(h_i, S_{i-1}^\pi), \theta_i = f_{\text{out}}(h_i)$，然后根据 θ_i 采样出 S_i^π。

GraphRNN 是一个比较通用的图生成模型，它没有考虑分子的性质，所以在分子的生成问题上，可以用强化学习的方法加上对生成分子的化学性质的预测，作为奖励函数进行反馈[31]，从而使生成的分子具有我们想要的化学性质。

2. 基于生成对抗网络的模型

生成对抗网络由两部分组成：生成器 F_θ 和判定器 D_ϕ。生成器把一个根据先验概率采样出的潜在语义向量 z 映射到一个具体的样本 $F_\theta(z)$；而判定器则判断一个样本 x 是真实样本还是生成的样本。生成器和判定器通过式 (8.8) 中的最小最大博弈策略进行训练：

$$\min_\theta \max_\phi \mathbb{E}_{x\sim p_{\text{data}}(x)}[\log D_\phi(x)] + \mathbb{E}_{z\sim p_z(z)}[\log(1 - D_\phi(F_\theta(z)))] \tag{8.8}$$

生成对抗网络的出现，引领了图像生成等任务的热潮，然而在图数据上，同样的难题摆在图神经网络面前：怎么设计解码器。图 8.4 给出了一个最简单的例子，这个模型叫作 **MolGAN**[130]。首先，它把分子图表示成两个部分：邻接张量（比邻接矩阵多了一个维度，用来表示边的类型）和节点属性矩阵。它的解码生成过程分为两个分支，从一个采样的图向量 z 开始，它用一个非常简单的基于多层感知机的生成器分别生成一个稠密的邻接张量 A 和节点属性矩阵 X。A 和 X 并非我们需要的图，只是作为概率进一步采样得到数值为 $\{0,1\}$ 的稀疏张量 $\tilde{A}$ 和稀疏矩阵 $\tilde{X}$，这样就得到了一个图样本 $G=(\tilde{A},\tilde{X})$。于是我们可以用一个图神经网络作为判别器，判断这个图 G 是否是一个真实的分子，同时用另一个分类器预测这个生成分子的性质，并利用强化学习进行反馈。这样，我们的损失函数就既考虑了分子图的分布特性（图神经网络的部分），也包含了分子化学性质的预测（强化学习的部分）。但是，这个模型缺少了对分子化学价等的限制，导致生成的分子即使满足分布也并不一定在化学上成立。另外，受图神经网络模型本身的限制，生成的分子很容易重复，就会出现模式崩溃（Mode Collapse）的问题。

8 图神经网络模型的应用

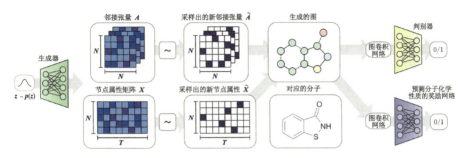

图 8.4 MolGAN [130]：图生成的图神经网络模型
注：N 为节点（原子）数量，T 为边（化学键）的模型的数量

3. 基于变分自编码器的模型

变分自编码器由一个编码器把样本 x 编码成向量 z，然后通过一个解码器进行重构。它的目标是最小化式 (8.9) 中的目标函数（推导过程可参考 5.3.1 节）：

$$\min_{\theta, \phi} L_{\text{ELBO}} = \mathbb{E}_{q_{\theta}(z|x)}[-\log p(x|z)] + \text{KL}[q(z|x) \| p(z)] \tag{8.9}$$

其中，后验概率 $q_\phi(z|x)$ 可以当作编码器，$p_\theta(x|z)$ 可以当作解码器，$p(z)$ 是编码向量 z 的先验概率，一般为高斯分布。

5.3.1 节介绍了图变分自编码器，但这个模型只是用来作为图的无监督表示学习或者链路预测的，因为它的编码器得到的结果是关于节点的表示。如果要生成新的图，在解码时我们不知道有多少节点及这些节点是怎么连接的，所以只能从一个表示整个图的向量 z 出发进行解码（就像图卷积网络的生成器那样）。在基于变分自编码器的图生成模型中，编码器通常可以定义成一个图神经网络，而解码器可以有各种不同的方式。不像在生成对抗网络中我们可以由一个判别器来判断生成的图是否语义正确，在变分自编码器中，我们必须对解码器做一些限制才能保证生成分子的有效性。

一个比较经典的用于分子图生成的变分自编码器模型是**联结树 VAE**（Junction-Tree VAE，JT-VAE）[109]（如图 8.5 所示），它的思想是：如果按照自回归模型中一个节点一个节点依序生成，很难保证生成的分子图是符合语法的，那么不如先把图分解成一些子结构，再拼接这些在一定语义中有效的子结构。首先，我们把分子图 G 分解成一个联结树 Γ，即把图中的可能在同一个子结构的原子合并成一个节点，使得这个图最终不存在闭环，也就是变成了一棵树。这样联

结树的每个节点就代表了一个子结构。我们对图 G 和树 $\varGamma$ 分别进行编码，得到向量表示 z_G 和 $z_\varGamma$。解码过程分为两步：先根据 $z_\varGamma$ 解码出一个树 $p(\varGamma|z_\varGamma)$，然后根据图向量表示 z_G 和这个解码出的树分析图中子结构连接的精细结构。

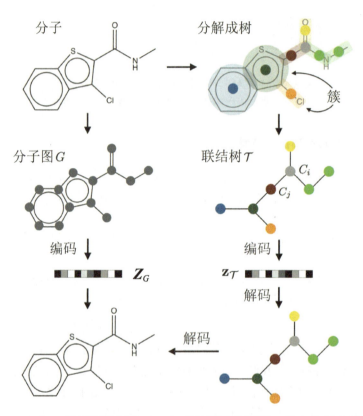

图 8.5　JT-VAE：基于联结树的 VAE 生成分子图的过程。引自参考文献 [109]

除了采用子结构来保证分子图的语义有效性，另一些基于变分自编码器框架的图生成模型则侧重于增加图解码器的限制。例如，Liu 等人[110] 在生成图的边时采用遮蔽（mask）技术保证去除违反分子语义结构限制的边。具体来说，在生成边的概率分布上增加一个变量 M_{uv}^t，如果节点 u 和 v 之间可以存在边，则 $M_{uv}^t = 1$，否则为 0。Ma 等人[111] 则直接把语义限制（化合价的限制和图的连通性）形式化地定义出来，他们在变分自编码器的框架上增加这个限制条件，并通过采样的方式进行求解，如图 8.6 所示。

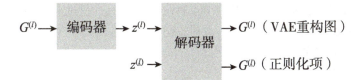

图 8.6 增加限制的变分自编码器[111]。通过采样近似之后，我们在原来的变分自编码器的基础上增加另一个分支，采用一个新的向量 $z^{(l)}$ 生成另一个图 $G^{(l)}$，计算它是否满足语义限制条件；而原来的 z 生成的图 $G^{(l)}$ 则只用来重构输入的分子图

4. 基于标准化流的模型

标准化流是一种比较新的深度学习生成模型，它的主要思想是使生成过程可逆，这样从隐藏向量到生成样本的过程就不会损失信息。我们将其与变分自编码器进行简单的对比，在变分自编码器中，我们需要一个编码器 $f_\theta(G)$ 得到隐藏向量 z，然后通过一个解码器 $g_{\theta'}(z)$ 重建一个样本 $\hat{G}$，这里 f 和 g 是任意的，并没有什么确定的关系。而标准化流的方法则要求 $f_\theta(G)$ 是一个可逆的过程，这样我们就能通过一个简单的逆映射得到原来的样本 $G = f_\theta^{-1}(z)$。

实现 $f_\theta(G)$ 可逆的方法有很多种，其中一种经典做法叫作 Real NVP，具体来说，就是先将输入 x 分割成两部分 (x_1, x_2)，然后定义一个仿射耦合层。

$$h_1 = x_1 \tag{8.10}$$
$$h_2 = x_2 \odot \exp(s(x_1)) + t(x_1)$$

其中 $\odot$ 为元素积，$s(\cdot)$ 和 $t(\cdot)$ 分别是两个任意的拉伸和变换函数。可以证明，这个耦合层所代表的变换有着完全可逆的变换：

$$x_1 = h_1 \tag{8.11}$$
$$x_2 = [h_2 - t(h_1)] \odot \exp(-s(h_1))$$

然后，在下一层对 x 进行重新分割，或者调换对 x_1 和 x_2 的操作，就能让信息得到更好的交互和融合。

GraphNVP[112]（如图 8.7 所示）就是一个把 Real NVP 应用到图生成任务上的例子，它分别对分子图的邻接张量和节点属性矩阵应用仿射耦合层，得到一个代表邻接张量的向量 z_A 和代表节点属性的向量 z_X；反过来，通过对一个隐藏向量 z 进行分割 $z = [z_A, z_X]$，并对它们分别应用 Real NVP 方法，就可以分别生成对应的邻接张量和节点属性。

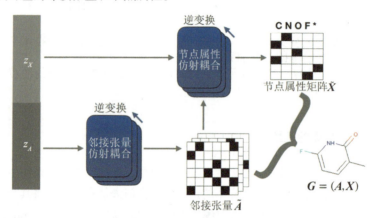

图 8.7　GraphNVP：图生成的标准流模型。引自参考文献 [112]

8.2.3　药物/蛋白质交互图的利用

除了分子本身的化学结构可以被认为是图，在生化领域，另一种重要的图是蛋白质交互图。虽然蛋白质本身有时也被认为是图，但是更普遍的情况是将蛋白质作为节点，将蛋白质之间的相互作用当作边，组成一种蛋白质交互图。蛋白质交互图也是图神经网络常用的一个标准数据集，它主要用来做（归纳式学习的）节点分类预测（如 GraphSAGE）。类似的还有 DDI 图和 DTI（Drug-Target-Interaction）图，DDI 用来研究药物之间的相互作用（可以是正的协同作用，也可以是不良反应），而 DTI 主要用在研究药物和目标蛋白质之间的相互作用，它们都在药物研发中起到很重要的作用。由于在药物开发中，我们对药物成分的研究总是不完全的，DDI 图和 DTI 图上的研究集中在通过已知的图结构预测那些未知的相互作用，也就是链路预测的问题。通过对 DDI 的预测，可以防止推荐药物时可能产生的药物之间的不良反应，而 DTI 的预测则能帮助我们理解药物机制及将旧药新用[32, 33, 38, 113]。对于链路预测这个经典问题，我们不再做更多介绍，下面我们来看图神经网络是怎么利用 DDI 图的信息做更安全的药物推荐的。

基于电子病历的药物推荐是医疗电子化的一个重要方向，但是仅考虑病人历史记录的推荐有一个问题,那就是很有可能会推荐药物相互之间有不良反应的组合,因此,利用 DDI 图的信息就是一个必然。GAMENet[38] 采用了图神经网络与记忆网络结合的方式来解决这个问题(如图 8.8 所示)。首先,DDI 图被一个图神经网络编码,然后这个编码的信息被放在记忆网络的记忆库中,在每个时间点与记忆网络中的其他动态历史记录共同作用,从而在选择药物推荐时避免药物之间的不良反应。

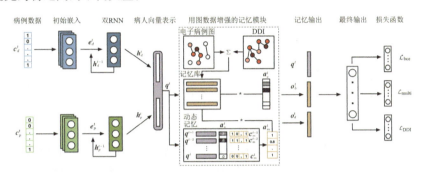

图 8.8　图神经网络用于药物推荐[38]。DDI 图被图神经网络编码后放在记忆网络的记忆库中,与由电子病历数据所产生的动态记忆共同作用,得到药物的推荐

8.3　自然语言处理相关的应用

由于存在丰富的结构性数据,在自然语言处理的应用中,自然少不了图神经网络的身影,无论是文档级别、句子级别、还是词级别,图神经网络都可以有效地利用已经存在的或可能存在的结构信息。下面我们介绍几种常见的应用。

文本分类是自然语言处理中的一个经典应用,虽然很成熟但是充满挑战。图神经网络常用的标准数据集里就包含引用网络中论文的分类,但是作为机器学习领域的通用模型测试数据集,它们并没有充分利用文本本身的结构(每个文档只是用词袋特征来表示),而更注重文档之间的关系。在自然语言处理领域,在很多情况下,并没有像引用关系这么明显的图结构,因此专家的侧重点就放在了怎么寻找和利用潜在的图结构信息上。文档中句子之间的关系,词之间的关系都可以被利用。例如,Peng 等人[114]把文档重构成词组成了多个子图;Sentence LSTM [115] 则在词的连接之外把整个句子看成一个额外的节点;TextGCN [131] 对整个数据集进行重构,得到一个词——文档混合图,这样文档分类问题就变成了一个图上的节点分类问题。

我们以 TextGCN 模型为例，介绍图卷积网络在文本分类任务中是如何运作的（如图 8.9 所示）。在 TextGCN 模型中构建图所用的关系主要是词和词，以及词和文档的共现关系。具体来说，对于一个词或一个文档，它们之间的连接被定义为

$$A_{ij} = \begin{cases} \text{PMI}(i,j) & i \text{ 和 } j \text{ 都是词} \\ \text{TF-IDF}(i,j) & i \text{ 是文档，} j \text{ 是词} \\ 1 & i = j \\ 0 & \text{其他} \end{cases} \tag{8.12}$$

其中，$\text{PMI}(i,j)$ 是词的点对互信息（Pointwise Mutual Information）。为了得到点对互信息，我们在每一个词周围定义一个滑动窗口，W 为所有滑动窗口的数量，$W(i)$ 为包含词 i 的滑动窗口的数量，而 $W(i,j)$ 为既包含 i 又包含 j 的窗口数量，那么 $\text{PMI}(i,j) = \log \frac{p(i,j)}{p(i)p(j)}$，其中 $p(i,j) = \frac{W(i,j)}{W}, p(i) = \frac{W(i)}{W}$。

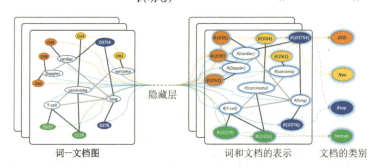

图 8.9　用于文档分类的 TextGCN 模型示意图[131]。词和文档作为节点，它们之间的共现关系作为边，将文档分类问题转化成图上节点的分类问题

语义角色标注也是自然语言处理的一个传统任务，它是一个浅层语义分析技术：给定一个句子，找出句子中各成分与谓词的关系，以及它们相应的语义角色（如施事者、受事者、时间、地点）。句子的语法在语义角色标注中起到很重要的辅助作用，于是 Marcheggiani 和 Titov[26] 提出了 Syntactic GCN 方法，来利用句子的语法结构。如图 8.10 所示，通过依存句法分析，先得到句子的语法结构，然后将句子中的词连接起来，构造一个有向的语法图，语义角色标注也就变成了语法图中的分类问题。

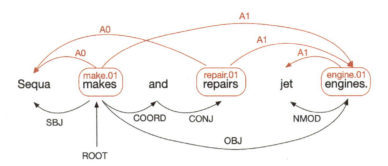

图 8.10 基于语义角色标注构建的语法图[26]。任务中的输入为句子和它下方的依存句法分析结果,输出为句子上方的语义角色分类

这个语法图和普通的图有两点区别:

(1)有向性。

(2)边本身具有特征信息,因此 Syntactic GCN 对图卷积网络模型做了一些小的改进,如图 8.11 所示。它把节点的状态更新为

$$h_v^{k+1} = \text{ReLU}\bigg(\sum_{u\in\mathcal{N}(v)} W_{L(u,v)}^k h_u^k + b_{L(u,v)}^k\bigg) \tag{8.13}$$

其中 h_u^k 为节点 u 在第 k 层的表示,$L(u,v)$ 为节点 u 和 v 之间的语法关系。如果每种关系的边都有一个自己的参数矩阵 W,那么参数过多可能会影响训练的效率和结果。因此,作者做了一个简化,在参数的定义中只考虑边的有向性 $\text{dir}(u,v)$,即 $W_{L(u,v)} = V_{\text{dir}(u,v)}$。再加上一个可以控制开关的门 $g_{u,v} = f(h_u, \text{dir}(u,v), L(u,v))$ 来降低错误语法关系的影响,就得到了最后的形式:

$$h_v^{k+1} = \text{ReLU}\bigg(\sum_{u\in\mathcal{N}(v)} g_{u,v}^k \big(V_{\text{dir}(u,v)}^k h_u^k + b_{L(u,v)}^k\big)\bigg) \tag{8.14}$$

Syntactic GCN 不仅可以用来做句法标注,而且适用于其他以句子为单位的任务。例如,Basting 等人[25]将它用在机器翻译中,取代原来的编码器,取得了很好的效果;Nguyen 等人[116]用它做事件检测。当然,句法树本身并非一定要用 Syntactic GCN 来学习,其他包含边信息的图神经网络也同样可用。例如,Beck 等人[117]就用门控图神经网络做机器翻译的编码器。另外,句法树也可以被改动,来适应不同的任务:在实体关系抽取的任务中,只有实体之间的关系

是更重要的，于是 Zhang 等人[118]对句法树进行修剪，以去除噪声干扰，只保留两个实体；Xu 等人[27]同时考虑句法树和时序关系，对每个句子构建一个新的混合图，从而更好地利用句子本身的自然语序，得到一个更好的句子编码器和 Graph2Seq 模型，并用在了语义分析任务中。

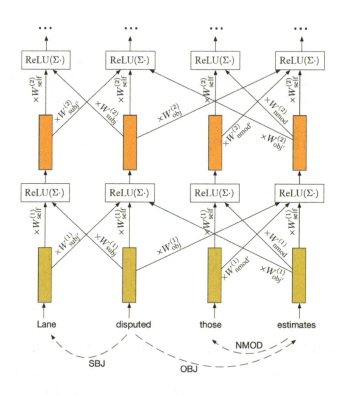

图 8.11　Syntactic GCN 示意图。引自参考文献 [26]

除了词/文档的共现关系、句法依存关系，自然语言处理中还包含大量不同类型的图。例如，实体之间的"提及"关系可以用做阅读理解的辅助[119]；AMR（Abstract Meaning Representation，抽象语义表示）可以被当成图进行编码，从而提高 AMR2text 任务的准确性[20]；知识图谱中的图也可以作为额外的信息来辅助完成问答任务等。图神经网络并不是只能当成编码器，在语义分析等任务中，由于生成的是具有很好的结构的逻辑语言，可以把它们当成图结构对其进行解码[120]，于是我们可以用图生成模型得到更好的生成效果。

8.4 推荐系统上的应用

推荐系统是与工业界联系最紧密的图神经网络应用。在信息社会，不管是推荐广告还是产品，我们都不可避免地需要一个可以处理工业级别大数据的推荐系统。推荐系统天然地依托于图结构（如用户—产品图），因此图神经网络在这个领域的应用非常受重视。

在介绍大规模图学习的章节里我们提到过 PinSAGE[39]，这是工业界第一次公开地将图神经网络应用到自己的产品中。**PinSAGE** 的图嵌入算法主要基于 GraphSAGE，在具体的实现上则充分考虑了训练的效率，训练充满了大量的工程技巧。图 8.12 为一个简化的 PinSAGE 示意图。我们简要地介绍其中比较重要的技巧。

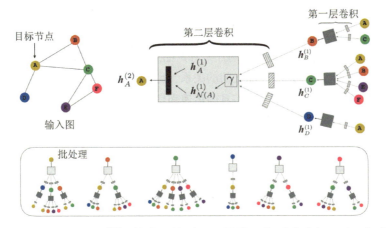

图 8.12　PinSAGE 示意图[39]。整个训练过程以批处理的形式进行。对于每个目标节点，我们对它周围的邻居进行重要性采样，然后经由图中右上角所展示的两层信息聚合（图卷积），得到节点的嵌入表示

（1）不同于很多图神经网络模型，PinSAGE 不需要运行在整个图上。回想图卷积网络的公式可知，在原始的图卷积网络中，需要存入整个图的邻接矩阵，但是 PinSAGE 采取了批处理的方式，只需要从训练数据节点周围随机游走来动态地得到需要的采样的邻居，这大大减少了计算量。另外，构建批数据的方式采用了生产者消费者模式，用 CPU 进行邻居的采样，用 GPU 进行矩阵的并行运算，这最大化地利用了计算资源。

（2）虽然基于 GraphSAGE，但不同于 GraphSAGE 的完全随机的采样，Pin-

SAGE 在采样时考虑了节点的重要性。被采样的邻居的重要性通过随机游走的访问数得到，这可以提高采样效率。

（3）模型训练完成后，如果直接使用 PinSAGE 的批处理算法，则会有大量的重复计算，因此在训练完成之后进行 MapReduce 推断，来避免节点重复地计入计算过程。

（4）在得到节点嵌入之后，利用局部敏感哈希算法（Locality Sensitive Hashing，LSH）进行高效的 K-近邻检索。

PinSAGE 侧重于工业实现，它的模型本身做了相当程度的简化。例如，它把所有的节点当成同类型的节点，这样可以直接使用同质图的嵌入方法进行计算。推荐系统的数据本质上是异构图，不仅节点具有不同的类型，节点之间的关系也可能具有不同的特征。区分这些节点的类型和引入边的特征在很多情况下都是必要的，因此更多推荐系统的策略是采用异构图的图神经网络算法，如 Fan 等人[121]就提出了 **GraphRec** 这种异构网络上的推荐系统。在图 8.13 中，我们可以很清楚地看到 GraphRec 对用户和产品进行了不同的处理。不仅如此，这个模型不仅考虑了用户和产品之间的关系，也考虑了用户之间的社交关系，于是我们可以在模型中看到三种信息的传递和聚合，即从产品到用户，从用户到用户，以及从用户到产品。

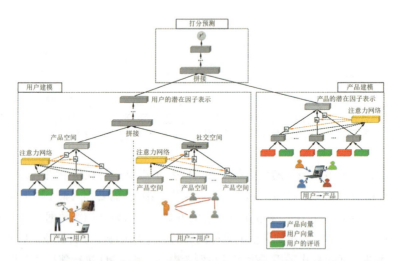

图 8.13　GraphRec 示意图[121]。它将图中的关系分为三类，产品到用户、用户到用户、用户到产品。这三种关系分别采用基于注意力机制的信息聚合，最后综合起来进行打分预测

8.5 计算机视觉相关的应用

在计算机视觉领域,图神经网络主要应用在语义分割[122]、视觉问答[123]、场景图的表示和生成[124]等方面。在图像上,图结构本身并没有那么明显,但是我们仍然可以找到一些空间关系或者语义关系。我们知道,传统的卷积神经网络主要利用的是一个小邻域上的本地信息,对于远程的关系处理起来很难,但是语义分割的任务上正好大量存在着可能的远程关联。Liang 等人[122]在图像中引入了一种叫作超像素(Superpixel)的节点,这些超像素节点通过空间关系(距离)建立联系,形成一个图,然后图 LSTM(Graph LSTM)的模型对这些超像素构建的图进行建模,从而更好地利用远程的关联性辅助本来的分割任务(如图 8.14 所示)。

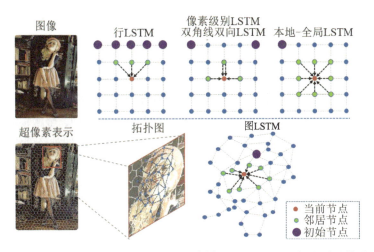

图 8.14 图神经网络用于图像的语义分割[122]。第一行的三个模型是传统的像素级别的 LSTM 模型;第二行的模型是基于超像素图的图 LSTM 模型

场景理解和场景图的生成是视觉中另一个重要的任务。Yang 等人[124]提出了一个框架,它利用图神经网络来更新生成的场景图中目标物体和关系的表示,从而矫正场景图的预测。如图 8.15 所示,我们先识别出图中所有的目标物体,并抽出它们之间所有可能的关系,这样就得到了一个以图像中的目标物体为节点,任意两个节点之间都有关系的稠密图。对这个稠密图进行剪枝稀疏化,就得到了一个潜在的场景图表示,但是这个场景图中的每个节点都是由图像直接生成的,这样就少了一些互相的联系和规约。于是我们可以用一个图神经网络

来建模这个场景图,重新学习节点的表示,这样就可以把节点周围的其他实体的信息也纳入。最后,根据图神经网络学到的新的表示重新预测每个节点代表的目标物体及它们之间的关系,这样场景图的预测就变得更加准确。

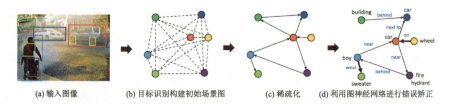

图 8.15 利用图神经网络辅助场景图生成[124]。图神经网络的利用主要在最后一步,在得到稀疏图之后,可以用一个图神经网络对它进行重新编码,并根据图神经网络学到的表示进行新一轮的目标物体和关系的预测

8.6 其他应用

图神经网络的强大表征能力使得它在各个领域都受到欢迎。在很多任务上,我们都可以找到潜在的图结构,利用图神经网络得到更好的结果。例如,将图神经网络用在交通预测[19, 125]、辅助编程[4]、选择规划算法[126]、金融领域的反洗钱、反欺诈等方面[127]。甚至很多看起来不相关的领域都有图神经网络的身影,例如,图神经网络可以用来解组合优化问题[43],可以用来进行小样本学习[46]。随着技术的发展,我们可以想象,会有越来越多的领域尝试用图神经网络解决问题。

8.7 小结

本章简要地介绍了图神经网络在各个领域应用的例子,为了让读者更好地理解并在将来可能运用到图神经网络,我们对图神经网络的应用模式做一个总结。

1. **构建/利用图结构**

让我们回看图神经网络在自然语言处理领域和计算机视觉中的应用，可以发现，应用时的核心问题是怎么针对某个任务构建一个图来使用潜在的信息。在很多任务中，图数据是给定的，如引用网络、社交网络、推荐系统的图数据等，但是在更多情况下，图结构并不是非常明显，这就需要我们思考怎么构造我们需要的图，将一个传统的问题转化成一个图上可以解决的问题：节点分类、链路预测等。我们需要思考我们的目标是什么，可以利用的关系是什么？

以用于文本分类的 TextGCN 模型为例，我们的目标是文档分类，文档可以作为节点，于是我们构造了一个词与文档的关系图；而为了生成抽取式摘要，我们的目标是句子，那么可以构建类似的句子—文档图[128]。在图像语义分割时，我们想利用远程的依赖关系，所以我们构建了本不存在的超像素空间关系图；在语义角色标注中，由于句法关系起到了很重要的作用，我们利用句法树构建了句法树图。甚至在有些任务上没有办法得到一个确定的图，那么可以将图作为一个可学习的因子，通过下游任务自动学出一个最佳的图[5, 129]，如 Kipf 等人提出的神经关系推理模型（Neural Relational Inference）[5] 就自动学习了多时间序列中智能体之间的交互图。

2. **图作为外部知识**

虽然一些任务本身和图没有关系，但是我们可以找到一些图结构的辅助信息，典型的如知识图谱。通过引入知识图谱来帮助其他任务也是一个被广泛关注的话题。在上面的章节中，我们介绍的药物交互图可以作为外部知识辅助人们进行药物推荐；实体关系图可以作为额外信息帮助人们进行阅读理解。

3. **创造新的图**

创造新的图在自然语言处理领域主要存在于文本生成或语义解析相关的任务中，由于要生成的文本或逻辑语言可以被认为是一个图结构，我们需要开发基于图神经网络的解码器。在生化领域，创造新的图主要用来生成新的分子，从而帮助发现新的药物。在计算机视觉领域，也有场景图的生成等图生成网络。

本章列举了图神经网络在各领域的应用，由于笔者知识的限制，我们缺失了某些主题，如图神经网络在物理系统、在安全（对抗攻击）、可视化等领域的应用。笔者希望本章展示的例子和最后的小结能给读者带来一定的启发。

参考文献

[1] MIHALCEA R, TARAU P. Textrank: Bringing order into text[C]//Proceedings of the 2004 conference on empirical methods in natural language processing, 2004.

[2] WAN X, YANG J. Improved affinity graph based multi-document summarization[C]//Proceedings of the human language technology conference of the NAACL, Companion volume: Short papers. Association for Computational Linguistics, 2006: 181-184.

[3] WANG M, TANG Y, WANG J, et al. Premise selection for theorem proving by deep graph embedding[C]//Advances in Neural Information Processing Systems, 2017: 2786-2796.

[4] ALLAMANIS M, BROCKSCHMIDT M, KHADEMI M. Learning to represent programs with graphs[J]. International Conference on Learning Representations (ICLR), 2018.

[5] KIPF T, FETAYA E, WANG K C, et al. Neural relational inference for interacting systems[C]//International Conference on Machine Learning, 2018: 2693-2702.

[6] GORI M, MONFARDINI G, SCARSELLI F. A new model for learning in graph domains[C]//Proceedings. 2005 IEEE International Joint Conference on Neural Networks. volume 2. IEEE, 2005: 729-734.

[7] SCARSELLI F, GORI M, TSOI A C, et al. The graph neural network model[J]. IEEE Transactions on Neural Networks, 2008, 20(1):61-80.

[8] BRUNA J, ZAREMBA W, SZLAM A, et al. Spectral networks and locally connected networks on graphs[J]. Proceedings of the 3rd International Conference on Learning Representations, 2014.

[9] HENAFF M, BRUNA J, LECUN Y. Deep convolutional networks on graph-structured data[J]. arXiv preprint arXiv:1506.05163, 2015.

[10] DEFFERRARD M, BRESSON X, VANDERGHEYNST P. Convolutional neural networks on graphs with fast localized spectral filtering[C]//Advances in neural information processing systems, 2016: 3844-3852.

[11] KIPF T N, WELLING M. Semi-supervised classification with graph convolutional networks[J]. International Conference on Learning Representations, 2017.

[12] LI Y, TARLOW D, BROCKSCHMIDT M, et al. Gated graph sequence neural networks[J]. International Conference on Learning Representations, 2016.

[13] NIEPERT M, AHMED M, KUTZKOV K. Learning convolutional neural networks for graphs[C]//International conference on machine learning, 2016: 2014-2023.

[14] VELIČKOVIĆ P, CUCURULL G, CASANOVA A, et al. Graph attention networks[J]. International Conference on Learning Representations (ICLR), 2018.

[15] HAMILTON W, YING Z, LESKOVEC J. Inductive representation learning on large graphs[C]//Advances in Neural Information Processing Systems, 2017: 1024-1034.

[16] GILMER J, SCHOENHOLZ S S, RILEY P F, et al. Neural message passing for quantum chemistry[C]//Proceedings of the 34th International Conference on Machine Learning-Volume 70. JMLR. org, 2017: 1263-1272.

[17] XU K, HU W, LESKOVEC J, et al. How powerful are graph neural networks?[J]. International Conference on Learning Representations, 2019.

[18] VELIČKOVIĆ P, FEDUS W, HAMILTON W L, et al. Deep graph infomax[J]. ICLR, 2019.

[19] LI Y, YU R, SHAHABI C, et al. Diffusion convolutional recurrent neural network: Data-driven traffic forecasting[J]. International Conference on Learning Representations, 2018.

[20] SONG L, ZHANG Y, WANG Z, et al. A graph-to-sequence model for amr-to-text generation[C]//Proceedings of the 56th Annual Meeting of the Association

for Computational Linguistics (Volume 1: Long Papers), 2018: 1616-1626.

[21] LANDRIEU L, SIMONOVSKY M. Large-scale point cloud semantic segmentation with superpoint graphs[C]//Proceedings of the IEEE Conference on Computer Vision and Pattern Recognition, 2018: 4558-4567.

[22] LI Y, GUPTA A. Beyond grids: Learning graph representations for visual recognition[C]//Advances in Neural Information Processing Systems, 2018: 9225-9235.

[23] XU D, ZHU Y, CHOY C B, et al. Scene graph generation by iterative message passing[C]//Proceedings of the IEEE Conference on Computer Vision and Pattern Recognition, 2017: 5410-5419.

[24] YAN S, XIONG Y, LIN D. Spatial temporal graph convolutional networks for skeleton-based action recognition[C]//Thirty-Second AAAI Conference on Artificial Intelligence, 2018.

[25] BASTINGS J, TITOV I, AZIZ W, et al. Graph convolutional encoders for syntax-aware neural machine translation[C]//Proceedings of the 2017 Conference on Empirical Methods in Natural Language Processing, 2017: 1957-1967.

[26] MARCHEGGIANI D, TITOV I. Encoding sentences with graph convolutional networks for semantic role labeling[C]//Proceedings of the 2017 Conference on Empirical Methods in Natural Language Processing, 2017: 1506-1515.

[27] XU K, WU L, WANG Z, et al. Exploiting rich syntactic information for semantic parsing with graph-to-sequence model[C]//Proceedings of the 2018 Conference on Empirical Methods in Natural Language Processing, 2018: 918-924.

[28] BATTAGLIA P, PASCANU R, LAI M, et al. Interaction networks for learning about objects, relations and physics[C]//Advances in neural information processing systems, 2016: 4502-4510.

[29] FOUT A, BYRD J, SHARIAT B, et al. Protein interface prediction using graph convolutional networks[C]//Advances in Neural Information Processing Systems, 2017: 6530-6539.

[30] JIN W, COLEY C, BARZILAY R, et al. Predicting organic reaction outcomes with weisfeiler-lehman network[C]//Advances in Neural Information Processing Systems, 2017: 2607-2616.

[31] YOU J, LIU B, YING Z, et al. Graph convolutional policy network for goal-directed molecular graph generation[C]//Advances in Neural Information Pro-

cessing Systems, 2018: 6410-6421.

[32] ZITNIK M, AGRAWAL M, LESKOVEC J. Modeling polypharmacy side effects with graph convolutional networks[J]. Bioinformatics, 2018, 34(13):i457-i466.

[33] MA T, XIAO C, ZHOU J, et al. Drug similarity integration through attentive multi-view graph auto-encoders[C]//Proceedings of the 27th International Joint Conference on Artificial Intelligence. AAAI Press, 2018: 3477-3483.

[34] WANG Q, MAO Z, WANG B, et al. Knowledge graph embedding: A survey of approaches and applications[J]. IEEE Transactions on Knowledge and Data Engineering, 2017, 29(12):2724-2743.

[35] VASHISHTH S, SANYAL S, NITIN V, et al. Composition-based multi-relational graph convolutional networks[C]//International Conference on Learning Representations, 2020.

[36] XU X, FENG W, JIANG Y, et al. Dynamically pruned message passing networks for large-scale knowledge graph reasoning[C]//International Conference on Learning Representations, 2019.

[37] WANG Z, LV Q, LAN X, et al. Cross-lingual knowledge graph alignment via graph convolutional networks[C]//Proceedings of the 2018 Conference on Empirical Methods in Natural Language Processing, 2018: 349-357.

[38] SHANG J, XIAO C, MA T, et al. Gamenet: Graph augmented memory networks for recommending medication combination[J]. AAAI, 2019.

[39] YING R, HE R, CHEN K, et al. Graph convolutional neural networks for web-scale recommender systems[C]//Proceedings of the 24th ACM SIGKDD International Conference on Knowledge Discovery & Data Mining. ACM, 2018: 974-983.

[40] WANG X, HE X, WANG M, et al. Neural graph collaborative filtering[J]. SIGIR, 2019.

[41] WEBER M, CHEN J, SUZUMURA T, et al. Scalable graph learning for anti-money laundering: A first look[J]. NeurIPS 2018 Workshop on Challenges and Opportunities for AI in Financial Services: the Impact of Fairness, 2018.

[42] LIU Z, CHEN C, YANG X, et al. Heterogeneous graph neural networks for malicious account detection[C]//Proceedings of the 27th ACM International Conference on Information and Knowledge Management. ACM, 2018: 2077-2085.

[43] LI Z, CHEN Q, KOLTUN V. Combinatorial optimization with graph convolutional networks and guided tree search[C]//Advances in Neural Information Processing Systems, 2018: 539-548.

[44] PRATES M O, AVELAR P H, LEMOS H, et al. Learning to solve np-complete problems-a graph neural network for the decision tsp[J]. arXiv preprint arXiv:1809.02721, 2018.

[45] LEMOS H, PRATES M, AVELAR P, et al. Graph colouring meets deep learning: Effective graph neural network models for combinatorial problems[J]. arXiv preprint arXiv:1903.04598, 2019.

[46] GARCIA V, BRUNA J. Few-shot learning with graph neural networks[J]. International Conference on Learning Representations (ICLR), 2018.

[47] WANG T, LIAO R, BA J, et al. Nervenet: Learning structured policy with graph neural networks[C]//International Conference on Learning Representations, 2018.

[48] XU B, SHEN H, CAO Q, et al. Graph wavelet neural network[C]//International Conference on Learning Representations, 2019.

[49] WIJESINGHE W A S, WANG Q. Dfnets: Spectral cnns for graphs with feedback-looped filters[C]//Advances in Neural Information Processing Systems, 2019: 6009-6020.

[50] LIAO R, ZHAO Z, URTASUN R, et al. Lanczosnet: Multi-scale deep graph convolutional networks[C]//International Conference on Learning Representations, 2019.

[51] DUVENAUD D K, MACLAURIN D, IPARRAGUIRRE J, et al. Convolutional networks on graphs for learning molecular fingerprints[C]//Advances in neural information processing systems, 2015: 2224-2232.

[52] BAHDANAU D, CHO K, BENGIO Y. Neural machine translation by jointly learning to align and translate[J]. International Conference on Learning Representations (ICLR), 2015.

[53] DEVLIN J, CHANG M W, LEE K, et al. Bert: Pre-training of deep bidirectional transformers for language understanding[C]//Proceedings of the 2019 Conference of the North American Chapter of the Association for Computational Linguistics: Human Language Technologies, Volume 1 (Long and Short Papers), 2019: 4171-4186.

[54] VASWANI A, SHAZEER N, PARMAR N, et al. Attention is all you need[C]// Advances in neural information processing systems, 2017: 5998-6008.

[55] LI Q, HAN Z, WU X M. Deeper insights into graph convolutional networks for semi-supervised learning[C]//Proceedings of the Thirty-Second AAAI Conference on Artificial Intelligence (AAAI-18). Association for the Advancement of Artificial Intelligence, 2018: 3538-3545.

[56] OONO K, SUZUKI T. Graph neural networks exponentially lose expressive power for node classification[C]//International Conference on Learning Representations, 2020.

[57] XU K, LI C, TIAN Y, et al. Representation learning on graphs with jumping knowledge networks[C]//International Conference on Machine Learning, 2018: 5453-5462.

[58] RONG Y, HUANG W, XU T, et al. Dropedge: Towards deep graph convolutional networks on node classification[C]//International Conference on Learning Representations, 2020.

[59] KLICPERA J, BOJCHEVSKI A, GÜNNEMANN S. Predict then propagate: Graph neural networks meet personalized pagerank[C]//International Conference on Learning Representations, 2018.

[60] NT H, MAEHARA T. Revisiting graph neural networks: All we have is low-pass filters[J]. arXiv preprint arXiv:1905.09550, 2019.

[61] WU F, SOUZA A, ZHANG T, et al. Simplifying graph convolutional networks[C]//International Conference on Machine Learning, 2019: 6861-6871.

[62] HE K, ZHANG X, REN S, et al. Deep residual learning for image recognition[C]//Proceedings of the IEEE conference on computer vision and pattern recognition, 2016: 770-778.

[63] LI G, MULLER M, THABET A, et al. Deepgcns: Can gcns go as deep as cnns?[C]//Proceedings of the IEEE International Conference on Computer Vision, 2019: 9267-9276.

[64] CHIANG W L, LIU X, SI S, et al. Cluster-gcn: An efficient algorithm for training deep and large graph convolutional networks[C]//Proceedings of the 25th ACM SIGKDD International Conference on Knowledge Discovery & Data Mining. ACM, 2019: 257-266.

[65] CHEN M, WEI Z, HUANG Z, et al. Simple and deep graph convolutional net-

works[J]. ICML, 2020.

[66] ZHAO L, AKOGLU L. Pairnorm: Tackling oversmoothing in gnns[C]//International Conference on Learning Representations, 2020.

[67] MORRIS C, RITZERT M, FEY M, et al. Weisfeiler and leman go neural: Higher-order graph neural networks[C]//Proceedings of the AAAI Conference on Artificial Intelligence: volume 33, 2019: 4602-4609.

[68] ABU-EL-HAIJA S, PEROZZI B, KAPOOR A, et al. Mixhop: Higher-order graph convolutional architectures via sparsified neighborhood mixing[C]//International Conference on Machine Learning, 2019: 21-29.

[69] KLICPERA J, WEISSENBERGER S, GÜNNEMANN S. Diffusion improves graph learning[C]//Advances in Neural Information Processing Systems, 2019: 13354-13366.

[70] VON LUXBURG U. A tutorial on spectral clustering[J]. Statistics and computing, 2007, 17(4):395-416.

[71] DHILLON I S, GUAN Y, KULIS B. Weighted graph cuts without eigenvectors a multilevel approach[J]. IEEE transactions on pattern analysis and machine intelligence, 2007, 29(11):1944-1957.

[72] YING Z, YOU J, MORRIS C, et al. Hierarchical graph representation learning with differentiable pooling[C]//Advances in neural information processing systems, 2018: 4800-4810.

[73] GAO H, JI S. Graph u-nets[C]//International Conference on Machine Learning, 2019: 2083-2092.

[74] LEE J, LEE I, KANG J. Self-attention graph pooling[C]//International Conference on Machine Learning, 2019: 3734-3743.

[75] KIPF T N, WELLING M. Variational graph auto-encoders[J]. NIPS 2016 Bayesian Deep Learning Workshop, 2016.

[76] HJELM R D, FEDOROV A, LAVOIE-MARCHILDON S, et al. Learning deep representations by mutual information estimation and maximization[J]. ICLR, 2019.

[77] BELGHAZI M I, BARATIN A, RAJESHWAR S, et al. Mutual information neural estimation[C]//International Conference on Machine Learning, 2018: 530-539.

[78] YING Z, BOURGEOIS D, YOU J, et al. Gnnexplainer: Generating explana-

tions for graph neural networks[C]//Advances in neural information processing systems, 2019: 9244-9255.

[79] SUN F Y, HOFFMAN J, VERMA V, et al. Infograph: Unsupervised and semi-supervised graph-level representation learning via mutual information maximization[C]//International Conference on Learning Representations, 2020.

[80] MA T, CHEN J. Unsupervised learning of graph hierarchical abstractions with differentiable coarsening and optimal transport[J]. arXiv preprint arXiv:1912.11176, 2019.

[81] WANG L, ZONG B, MA Q, et al. Inductive and unsupervised representation learning on graph structured objects[C]//International Conference on Learning Representations, 2020.

[82] HU W, LIU B, GOMES J, et al. Strategies for pre-training graph neural networks[C]//International Conference on Learning Representations, 2020.

[83] CHEN J, ZHU J, SONG L. Stochastic training of graph convolutional networks with variance reduction[C]//International Conference on Machine Learning, 2018: 942-950.

[84] CHEN J, MA T, XIAO C. Fastgcn: fast learning with graph convolutional networks via importance sampling[J]. International Conference on Learning Representations, 2018.

[85] HUANG W, ZHANG T, RONG Y, et al. Adaptive sampling towards fast graph representation learning[C]//Advances in neural information processing systems, 2018: 4558-4567.

[86] ZENG H, ZHOU H, SRIVASTAVA A, et al. Graphsaint: Graph sampling based inductive learning method[C]//International Conference on Learning Representations, 2020.

[87] GOYAL P, FERRARA E. Graph embedding techniques, applications, and performance: A survey[J]. Knowledge-Based Systems, 2018, 151:78-94.

[88] HAMILTON W L, YING R, LESKOVEC J. Representation learning on graphs: Methods and applications[J]. IEEE Data Engineering Bulletin, 2017.

[89] AHMED A, SHERVASHIDZE N, NARAYANAMURTHY S, et al. Distributed large-scale natural graph factorization[C]//Proceedings of the 22nd international conference on World Wide Web, 2013: 37-48.

[90] CAO S, LU W, XU Q. Grarep: Learning graph representations with global

structural information[C]//Proceedings of the 24th ACM international on conference on information and knowledge management, 2015: 891-900.

[91] OU M, CUI P, PEI J, et al. Asymmetric transitivity preserving graph embedding[C]//Proceedings of the 22nd ACM SIGKDD international conference on Knowledge discovery and data mining, 2016: 1105-1114.

[92] YANG C, LIU Z, ZHAO D, et al. Network representation learning with rich text information[C]//Twenty-Fourth International Joint Conference on Artificial Intelligence, 2015.

[93] LI J, DANI H, HU X, et al. Attributed network embedding for learning in a dynamic environment[C]//Proceedings of the 2017 ACM on Conference on Information and Knowledge Management, 2017: 387-396.

[94] GROVER A, LESKOVEC J. node2vec: Scalable feature learning for networks[C]//Proceedings of the 22nd ACM SIGKDD international conference on Knowledge discovery and data mining, 2016: 855-864.

[95] LEVY O, GOLDBERG Y. Neural word embedding as implicit matrix factorization[C]//Advances in neural information processing systems, 2014: 2177-2185.

[96] QIU J, DONG Y, MA H, et al. Network embedding as matrix factorization: Unifying deepwalk, line, pte, and node2vec[C]//Proceedings of the Eleventh ACM International Conference on Web Search and Data Mining, 2018: 459-467.

[97] TANG J, QU M, WANG M, et al. Line: Large-scale information network embedding[C]//Proceedings of the 24th international conference on world wide web, 2015: 1067-1077.

[98] TANG J, QU M, MEI Q. Pte: Predictive text embedding through large-scale heterogeneous text networks[C]//Proceedings of the 21th ACM SIGKDD International Conference on Knowledge Discovery and Data Mining, 2015: 1165-1174.

[99] LIN Y, LIU Z, LUAN H, et al. Modeling relation paths for representation learning of knowledge bases[C]//Proceedings of the 2015 Conference on Empirical Methods in Natural Language Processing, 2015: 705-714.

[100] TERU K K, HAMILTON W L. Inductive relation prediction on knowledge graphs[J]. arXiv preprint arXiv:1911.06962, 2019.

[101] SCHLICHTKRULL M, KIPF T N, BLOEM P, et al. Modeling relational data

with graph convolutional networks[C]//European Semantic Web Conference. Springer, 2018: 593-607.

[102] SHANG C, TANG Y, HUANG J, et al. End-to-end structure-aware convolutional networks for knowledge base completion[C]//Proceedings of the AAAI Conference on Artificial Intelligence: volume 33, 2019: 3060-3067.

[103] WANG X, HE X, CAO Y, et al. Kgat: Knowledge graph attention network for recommendation[C]//Proceedings of the 25th ACM SIGKDD International Conference on Knowledge Discovery & Data Mining, 2019: 950-958.

[104] NATHANI D, CHAUHAN J, SHARMA C, et al. Learning attention-based embeddings for relation prediction in knowledge graphs[C]//Proceedings of the 57th Annual Meeting of the Association for Computational Linguistics, 2019: 4710-4723.

[105] ZHANG M, CHEN Y. Link prediction based on graph neural networks[C]// Advances in Neural Information Processing Systems, 2018: 5165-5175.

[106] COLEY C W, JIN W, ROGERS L, et al. A graph-convolutional neural network model for the prediction of chemical reactivity[J]. Chemical science, 2019, 10(2):370-377.

[107] STOKES J M, YANG K, SWANSON K, et al. A deep learning approach to antibiotic discovery[J]. Cell, 2020, 180(4):688-702.

[108] YOU J, YING R, REN X, et al. Graphrnn: Generating realistic graphs with deep auto-regressive models[C]//International Conference on Machine Learning, 2018: 5708-5717.

[109] JIN W, BARZILAY R, JAAKKOLA T. Junction tree variational autoencoder for molecular graph generation[C]//International Conference on Machine Learning, 2018: 2323-2332.

[110] LIU Q, ALLAMANIS M, BROCKSCHMIDT M, et al. Constrained graph variational autoencoders for molecule design[C]//Advances in neural information processing systems, 2018: 7795-7804.

[111] MA T, CHEN J, XIAO C. Constrained generation of semantically valid graphs via regularizing variational autoencoders[C]//Advances in Neural Information Processing Systems, 2018: 7113-7124.

[112] MADHAWA K, ISHIGURO K, NAKAGO K, et al. Graphnvp: An invertible flow model for generating molecular graphs[J]. arXiv preprint arXiv:1905.

11600, 2019.

[113] SHANG J, MA T, XIAO C, et al. Pre-training of graph augmented transformers for medication recommendation[J]. arXiv preprint arXiv:1906.00346, 2019.

[114] PENG H, LI J, HE Y, et al. Large-scale hierarchical text classification with recursively regularized deep graph-cnn[C]//Proceedings of the 2018 World Wide Web Conference, 2018: 1063-1072.

[115] ZHANG Y, LIU Q, SONG L. Sentence-state lstm for text representation[C]//Proceedings of the 56th Annual Meeting of the Association for Computational Linguistics (Volume 1: Long Papers), 2018: 317-327.

[116] NGUYEN T H, GRISHMAN R. Graph convolutional networks with argument-aware pooling for event detection[C]//Thirty-second AAAI conference on artificial intelligence, 2018.

[117] BECK D, HAFFARI G, COHN T. Graph-to-sequence learning using gated graph neural networks[C]//Proceedings of the 56th Annual Meeting of the Association for Computational Linguistics (Volume 1: Long Papers), 2018: 273-283.

[118] ZHANG Y, QI P, MANNING C D. Graph convolution over pruned dependency trees improves relation extraction[C]//Proceedings of the 2018 Conference on Empirical Methods in Natural Language Processing, 2018: 2205-2215.

[119] SONG L, WANG Z, YU M, et al. Exploring graph-structured passage representation for multi-hop reading comprehension with graph neural networks[J]. arXiv preprint arXiv:1809.02040, 2018.

[120] ZHANG S, MA X, DUH K, et al. Amr parsing as sequence-to-graph transduction[C]//Proceedings of the 57th Annual Meeting of the Association for Computational Linguistics, 2019: 80-94.

[121] FAN W, MA Y, LI Q, et al. Graph neural networks for social recommendation[C]//The World Wide Web Conference, 2019: 417-426.

[122] LIANG X, SHEN X, FENG J, et al. Semantic object parsing with graph lstm[C]//European Conference on Computer Vision. Springer, 2016: 125-143.

[123] NARASIMHAN M, LAZEBNIK S, SCHWING A. Out of the box: Reasoning with graph convolution nets for factual visual question answering[C]//Advances in neural information processing systems, 2018: 2654-2665.

[124] YANG J, LU J, LEE S, et al. Graph r-cnn for scene graph generation[C]//Pro-

ceedings of the European conference on computer vision (ECCV), 2018: 670-685.

[125] CUI Z, HENRICKSON K, KE R, et al. Traffic graph convolutional recurrent neural network: A deep learning framework for network-scale traffic learning and forecasting[J]. IEEE Transactions on Intelligent Transportation Systems, 2019.

[126] MA T, FERBER P, HUO S, et al. Online planner selection with graph neural networks and adaptive scheduling[J]. AAAI, 2020.

[127] PAREJA A, DOMENICONI G, CHEN J, et al. Evolvegcn: Evolving graph convolutional networks for dynamic graphs[J]. AAAI, 2020.

[128] WANG D, LIU P, ZHENG Y, et al. Heterogeneous graph neural networks for extractive document summarization[J]. ACL, 2020.

[129] FRANCESCHI L, NIEPERT M, PONTIL M, et al. Learning discrete structures for graph neural networks[C]//International Conference on Machine Learning, 2019: 1972-1982.

[130] DE CAO N, THOMAS K. Molgan: An implicit generative model for small molecular graphs[J]. arXiv preprint arXiv:1805.11973, 2018.

[131] YAO L, CHENGSHENG M, YUAN L. Graph convolutional networks for text classification[J]. Proceedings of the AAAI Conference on Artificial Intelligence, 2019.